U0711031

建筑工程质量与安全管理

主　编　徐　滨　蒋晓燕
副主编　陈再兴　齐亚丽
参　编　黄昭莹
主　审　胡瑛莉

北京理工大学出版社
BEIJING INSTITUTE OF TECHNOLOGY PRESS

内 容 提 要

本书围绕房屋建筑工程施工中质量与安全管理两大核心要素阐述，共分为5个项目，包括：质量与安全管理基本知识、建筑工程施工质量管理、工程质量事故预防及处理、质量控制检验与统计分析、建筑工程施工安全管理。本书阐述了现浇混凝土结构、钢结构、砌体结构等相关内容，而且知识体系完整，实用性强。

本书可作为高等职业教育建筑工程技术、建设工程监理、建设工程管理等专业教材，也可作为建筑施工企业施工员、质量员、安全员等技术岗位的培训用书和从事建筑工程技术人员的参考用书。

图书在版编目（CIP）数据

建筑工程质量与安全管理 / 徐滨，蒋晓燕主编.

北京：北京理工大学出版社，2025.1.

ISBN 978-7-5763-4768-5

Ⅰ. TU71

中国国家版本馆CIP数据核字第2025NV0342号

责任编辑：封　雪　　　　文案编辑：毛慧佳
责任校对：刘亚男　　　　责任印制：王美丽

出版发行 / 北京理工大学出版社有限责任公司

社　　址 / 北京市丰台区四合庄路6号

邮　　编 / 100070

电　　话 / (010) 68914026（教材售后服务热线）

　　　　　　 (010) 63726648（课件资源服务热线）

网　　址 / http：//www.bitpress.com.cn

版 印 次 / 2025年1月第1版第1次印刷

印　　刷 / 三河市腾飞印务有限公司

开　　本 / 787 mm × 1092 mm　1/16

印　　张 / 12

字　　数 / 311千字

定　　价 / 78.00元

图书出现印装质量问题，请拨打售后服务热线，负责调换

出版说明

随着建筑技术水平的不断发展，由BIM技术、装配式建筑、智慧工地、建筑机器人、建筑工业互联网、智能运维等智能建造体系在建筑行业中的逐步应用，要求从业人员既要具备传统的建筑施工技能，也要学习建筑智能化、绿色化、数字化等前沿技术。

2018年12月21日，《高职院校建筑类专业"五化"教学法的研创与应用》成果，荣获教育部《2018年国家级教学成果奖》（教师〔2018〕21号）职业教育类二等奖！

该成果主要针对建筑类专业教学中建筑现场认知难、课堂教学实境创设难、理论与实践一体化难、实训教学开展难、学习效果评价难等5个问题，应用信息化技术手段，研创了"模型化展示、信息化导学、项目化教学、个性化实训、智能化考核"的"五化"教学法，学生通过"五化"学习进程（课前认知、自主学习、课堂学习、课后实践、综合考评）进行学习，有效解决了建筑类专业教学中的"五难"问题，极大地提高了学生学习兴趣，人才培养质量明显提升。

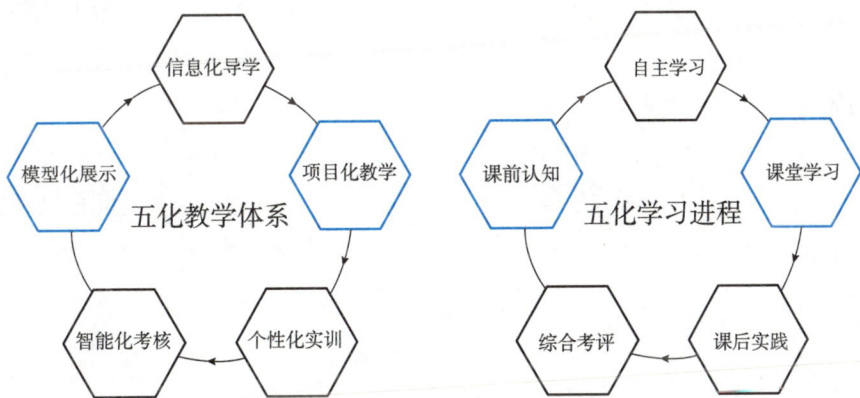

建筑五化教学法

为此，北京理工大学出版社搭建平台，联合国内多所建设类高职院校和行业企业，包括：黑龙江建筑职业技术学院、四川建筑职业技术学院、江苏建筑职业技术学院、江西建设职业技术学院、贵州建设职业技术学院、绍兴职业技术学院、广州城建职业学院、浙江太学科技集团有限公司等，共同组织编写了本套《高职土建类专业"五化"教学法新形态教材》，教材由参与院校院系领导、专业带头人、企业技术负责人组织编写团队，参照教育部《高等职业学校专业教学标准》要求，以创新、合作、融合、共赢、整合跨院校优质资源的工作方式，结合高职院校教学实际以及当前建筑行业形势和发展方向编写完成，力求推动建筑类教学体系构建，提升学生学习兴趣！

全套教材共8本，如下：

1.《建筑力学与结构》

2.《建筑识图与构造》

3.《建筑材料》

4.《建筑工程测量》

5.《建筑施工技术》

6.《钢结构建筑施工》

7.《装配式建筑施工技术》

8.《建筑工程质量与安全管理》

本系列教材的编写，是基于建筑工法楼为项目进行教学设计的，由浙江太学科技集团有限公司和各院校提供教材及教学配套资源，在本系列教材的编写过程中，我们得到了国内同行专家、学者的指导和知名建筑企业的大力支持，在此表示诚挚的谢意！

高等职业教育紧密结合经济发展需求，适应行业新技术的发展，不断向行业输送应用型专业人才，任重道远。教材建设是高等职业院校教育改革的一项基础性工程，也是一个不断推陈出新的过程。我们深切希望本系列教材的出版，能够推动我国高等职业院校建筑工程专业教学事业的发展，在优化建筑工程专业及人才培养方案、完善课程体系、丰富课程内容、传播交流有效教学方法方面尽一份绵薄之力，为培养现代建筑工程行业合格人才做出贡献！

北京理工大学出版社

Foreword

前　言

　　"安全第一，质量为本"不仅是确保项目顺利推进、企业稳健发展的基础，更是每位工程人员应当深植于心的基本原则。它不仅是一句口号，更是我们行动的指南和准绳，提醒我们始终将安全和质量放在首位。

　　本书以建筑工程项目为编制对象，重点研究房屋建筑在施工建造环节的质量与安全管控，以事前、事中、事后三阶段控制为主线展开介绍。事前主要通过完备的施工准备，避免后续发生质量差错和安全疏漏；事中即在施工过程中规范工艺流程及操作行为制定合理的保障措施，避免产生质量和安全事故；事后则是指通过各项检查验收，排查质量安全隐患，处理质量安全事故，改进、优化管控方案。

　　本书内容的编写基于房建工程质量与安全管理方面的规范、标准，但又不是对各种规范的罗列，有别于同类别的其他教材。本书没有介绍实际工作中不常见、不常用的工艺，重点阐述常规、常用、具有代表性施工对象的管理方法，还融入了信息化教学、模型化展示、个性化实训等"五化教学法"，因此更具启发性，可以起到以点带面、举一反三的效果。

　　本书由绍兴职业技术学院徐滨、蒋晓燕担任主编，青海建筑职业技术学院陈再兴、吉林工程职业学院齐亚丽担任副主编，广东机电职业技术学院黄昭莹参与编写，全书由广西工业职业技术学院胡瑛莉审定。

　　限于编者的水平和经验，书中难免存在疏漏之处，敬请广大读者批评指正！

编　者

Contents
目录

项目 1　质量与安全管理基本知识

知识目标 》》》

1. 了解质量、工程质量、工程质量管理的概念；熟悉工程质量管理的基本原理。

2. 了解安全、安全生产、安全生产管理的概念；掌握安全生产管理的基本方针。

3. 了解质量与安全生产法规的层次结构；熟悉建筑工程质量与安全专业标准体系。

4. 了解影响施工质量的主要因素及关键环节，熟悉主要因素及关键环节的质量控制原则。

能力目标 》》》

1. 能够对建筑工程质量与安全管理的基础概念、法律体系有基本的认知。

2. 能够把握施工质量控制的主要因素及关键环节。

素质目标 》》》

通过深入学习和理解工程质量与工程安全的相关概念和基本理论，逐步建立科学管理意识。在工作中，我们应该始终牢记，必须以法律法规和规章制度作为行动指南，以管理工作符合规范，具有高度的规范性和严谨性。

》》》 1.1　工程质量管理认知

课前认知

建筑工程质量与安全管理在建筑活动中占有极其重要的地位。工程项目的质量是项目建设的核心，是决定工程建设成败的关键，对提高工程项目的经济效益、社会效益和环境效益具有重要意义。它直接关系到国家财产和人民生命安全，也关系着社会主义建设事业的发展。国务院发布的《建设工程质量管理条例》不仅是指导我国建设工程质量管理（含施工项目）的法典，也是质量管理工作的灵魂。

1.1.1 质量与工程质量

1. 质量

按照《质量管理体系　基础和术语》(GB/T 19000—2016)中的定义,质量是指一组固有特性满足要求的程度。

质量的内涵要求包括明示的需求、通常隐含的需求或必须履行的需求或期望。明示的需求是指法律、法规、技术标准等明确规定的要求;隐含的需求是指虽然没有表达出来,但是客观上已经存在的要求;必须履行的需求或期望一般通过合同或项目管理者的目标加以体现。

2. 工程质量

工程质量是指工程满足建设单位需要的,符合国家法律、法规、技术标准、设计文件和合同规定的特性。工程质量包括工程实体质量、工序质量及工作质量。

(1)工程实体质量。工程实体质量既包括产品的适用性、可靠性、安全性,又包括产品的经济性、环境性,也包括产品的观感、耐久性等多种特性,这些固有特性与建筑产品生产的各个环节密切相关。

1)适用性。适用性是指工程实体满足使用目的的各种性能,包括理化性能,如规格、保温、隔热、隔声、耐腐蚀、防火、防风化等;结构性能,如结构的强度、刚度和稳定性;使用性能,如建筑工程的组成部件、水、暖、电、卫器具、设备要能满足其使用需要;外观性能,如建筑物的造型、布置、装饰效果等美观大方、协调等。

2)耐久性。耐久性是指工程实体在正常条件下,满足规定功能要求的使用年限,即工程实体竣工后的合理使用寿命周期。对工程组成部件如屋面防水、卫生洁具、电梯等,也视产品性质及工程实体的合理使用寿命周期而规定不同的耐用年限。

3)安全性。安全性是指工程在使用过程中保证结构安全、保证人身和环境免受危害的程度。建设工程产品的结构安全度、抗震、耐火及防火能力都是安全性的重要标志。此外,工程的组成部件及各类设备等,也要保证使用者的安全。

4)可靠性。可靠性是指工程在规定的时间和规定的条件下完成规定功能的能力。工程不仅要求在交工验收时要达到规定的指标,而且在一定的使用时期内要保持应有的正常功能,如工程的抗震能力,防水、隔热性能,恒温、恒湿措施等。

5)经济性。经济性是指工程建设成本和运行维护成本等费用指标,包括征地、勘察、设计、采购、施工、配套设施建设等全过程的投资和工程使用阶段的能耗、维护保养乃至改建、更新的费用。

6)协调性。协调性是指工程与其周围生态环境相协调,与所在地区经济环境相协调及与周围已建工程相协调,适应可持续发展的需要。

(2)工序质量。工序质量即生产过程能稳定地生产合格建筑工程的能力。控制工程质量,就必须控制工程质量形成过程中影响质量的诸因素。影响工程质量的因素主要包括人、机械、材料、方法、环境和测量六个方面。

1)人员素质。人员素质包括决策者、管理者、操作者的素质。根据分析,大多数工程质量事故和质量通病是由于人的因素造成的。如何优化每位员工在质量管控中的作用,是项目管理者应该解决的问题,具体包括三个方面:①要提高人的质量意识和工作水平,牢固树立

"质量第一"的思想，提高员工自觉性和主观能动性；②要加强专业技能培训，提高员工的操作水准；③要加强现场管理，提高管理水平，通过有效措施消除人为造成的质量通病。

2）机械设备。机械设备可分为两类，一是指组成工程实体及配套的工艺设备和各类机具；二是指施工过程中使用的各类机具设备。

由于设备的原因或使用操作工具不当引发的质量事故和质量通病是经常发生的。在正确使用机械设备的基础上，要及时发现机械管理方面存在的问题，分析和制定对策；同时，对操作工具进行技术革新，以提高工作效率，确保施工质量。

3）工程材料。施工中的建筑材料品种繁多，材料本身的质量对工程质量的影响非常大。要做好材料的检测和验收，就要做到对原材料按规定进行进场检测，对常规材料定期进行抽检，对成品和半成品材料根据相关标准进行验收，杜绝不合格材料和产品进入施工现场。

4）工艺方法。施工中采用的标准、规范、工法及施工程序和施工工艺对工程质量是至关重要的，必须严格遵守现行质量标准，包括技术标准和管理标准；严格遵守施工程序，确保上一道工序施工完全合格后方能进入下一道工序施工；交叉作业、立体施工必须要有可靠的技术措施加以保证，并合理安排工期。

此外，大力推进和采用新技术，不断提高工艺水平也是保证工程质量稳步提高的重要因素。

5）环境条件。环境条件是指对工程质量特性起重要作用的环境因素，包括工程技术环境、工程作业环境、工程管理环境和周边环境等。

建筑产品绝大部分都是露天完成的，必然会受到天气、温度等外在环境的影响，特别是操作工人、建筑材料受其影响更大。此外，施工现场的环境复杂、多变，施工交叉作业多，人员流动大，干扰因素多，各专业之间相互影响，处理不好也会对质量造成直接或间接影响，因此，需要预防和控制这些未知的、有可能发生的外因环境变化。

6）测量。由于检测工具、测量方法、测量人员因素操作造成的误差，会使质量波动异常，从而直接影响对施工质量的正确评定。

施工过程中采用的测量工具均应符合标准的规定，并定期校核，以确保其准确度。操作人员的技术水平、责任心和工作态度将关系到仪器的可靠性、数据的准确性并直接影响工程质量。另外，在工程施工中，还要对操作人员进行必要的业务技术和基本素质培训。

（3）工作质量。工作质量是指企业为达到工程质量标准所做的管理工作、组织工作和技术工作的效率与水平。它包括经营决策工作质量和现场执行工作质量。工作质量涉及企业全体人员，体现在企业的一切生产经营活动之中，并通过经营效果、生产效率、工作效率和产品质量集中地体现出来。

工程项目施工在施工准备、施工、验收和保修的各个阶段都会直接影响建筑产品的质量，因此，建设项目的质量管理必须重视每个环节的工作质量，才能最终保证建筑产品的质量。

对建筑施工企业而言，质量是企业生存和发展的前提与保证，质量管理是企业管理的重要任务之一。在激烈的市场竞争中，建筑施工企业必须明确质量管理目标，积极开发、使用新技术和新工艺，推广、应用新材料和新设备，用质量推动企业的发展。

1.1.2 工程质量管理

1. 工程质量管理的概念

质量管理是指在质量方面指挥和控制组织的协调的活动。质量管理的首要任务是确定质量方针、目标和职责，核心是建立有效的质量管理体系，通过具体的四项活动，即质量策划、质量控制、质量保证和质量改进，确保质量方针、目标的实施和实现。

（1）质量策划。质量策划是质量管理的一部分，其致力于制定质量目标并规定行动过程和相关资料以实现质量目标。质量策划的目的是制定并采取措施实现质量目标。质量策划是一种活动，其结果形成的文件可以是质量计划。

（2）质量控制。质量控制是质量管理的重要组成部分，其目的是使产品、体系或过程的固有特性达到规定的要求，即满足客户和法律法规等方面所提出的质量要求（如适用性、安全性等）。所以，质量控制是通过采取一系列的作业技术和活动对各个过程实施控制，如质量方针控制、文件和记录控制、设计和开发控制、采购控制、不合格控制等。

（3）质量保证。质量保证是指为了提供足够的信任，表明工程项目能够满足质量要求，而在质量体系中实施并根据需要进行证实的有计划、有系统的全部活动。质量保证定义的关键是信任，由一方向另一方提供信任。由于两方的具体情况不同，质量保证可分为内部质量保证和外部质量保证两部分。内部质量保证是企业向自己的管理者提供信任；外部质量保证是企业向顾客或第三方认证机构提供信任。

（4）质量改进。质量改进是指企业及建设单位为获得更多收益而采取的旨在提高活动与过程的效益和效率的各项措施。

工程质量管理就是在工程的全生命周期内，对工程质量进行的监督和管理。针对具体的工程项目，就是项目质量管理。

2. 工程质量管理的基本原理

（1）质量管理的 PDCA（计划－实施－检查－处置）循环。PDCA 循环是确立质量管理和建立质量体系的基本原理（图 1-1）。从实践论的角度看，管理就是确定任务目标并按照 PDCA 循环原理来实现预期目标。

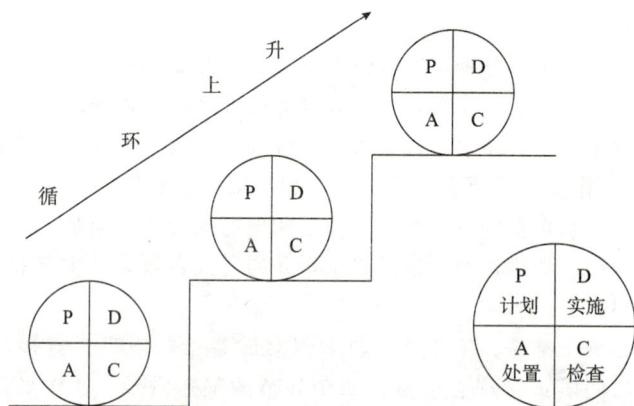

图 1-1　PDCA 循环

每个循环都围绕着实现预期的目标，进行计划、实施、检查和处置活动，随着对存在问题的发现、解决和改进，不断增强质量把控能力，提高质量水平。循环的四大职能活动相互联系，共同构成了质量管理的系统过程。

1）计划（Plan，P）。计划职能包括明确质量目标和制定实现质量目标的行动方案两个方面。实践表明，严谨周密、经济合理和切实可行的质量计划是保证工作质量、产品质量和服务质量的前提条件。

项目参与者根据其在项目实施中所承担的任务、责任范围和质量目标,分别进行质量计划工作,形成质量计划体系。其中,施工单位的工程项目质量计划,是根据工程合同规定的质量标准和责任,在明确质量目标的基础上,制定、实施相应范围质量管理的行动方案,包括技术方法、业务流程、资源配置、检验试验要求、质量记录方式、不合格处理、管理措施等具体内容和做法;同时,还要对其实现预期目标的可行性、有效性、经济合理性进行分析、论证,并按照规定的程序与权限,经过审批后执行。

2)实施(Do,D)。实施职能在于将质量的目标值通过生产要素的投入、作业技术活动和产出过程,转换为实际的质量值。为保证工程质量的产出或形成过程能够达到预期的结果,在各项质量活动实施前,要根据质量管理计划进行方案的部署和交底,使具体的作业者和管理者明确计划的要求,掌握质量标准及其实现的程序与方法;在质量活动的实施过程中,则要求严格执行计划的行动方案、规范行为,把质量管理计划的各项规定和安排落实到具体的资源配置与技术作业活动中。

3)检查(Check,C)。检查职能是指对计划实施过程进行各种检查,包括作业者的自检、互检和专职管理者专检。其检查内容包含两大方面:一是检查实际条件是否发生了变化,是否严格执行了计划的行动方案,不执行计划的原因;二是检查计划执行的结果,对产出的质量是否达到标准的要求进行确认和评价。

4)处置(Action,A)。处置职能是指对于质量检查发现的质量问题及时进行分析,采取必要的措施予以纠正,保证工程质量处于受控状态。处置可分为纠偏和预防改进两个方面。前者是采取应急措施,解决当前的质量偏差、问题或事故;后者是提出目前质量状况信息,并将其反馈给管理部门,反思问题症结,确定改进目标和措施,为今后类似问题的预防提供借鉴。

(2)全面质量管理(Total Quality Control,TQC)的思想。全面质量管理是20世纪中期在欧美和日本广泛应用的质量管理理念与方法,其基本思想是强调在企业或组织的最高管理者提出的质量方针的指引下,实行全方位质量管理、全过程质量管理和全员参与质量管理。

1)全方位质量管理。建设工程项目的全方位质量管理,是建设工程项目各方参与者所进行的质量管理的总称。其中,其包括工程(产品)质量和工作质量的全面管理。工作质量是产品质量的保证,工作质量直接影响产品质量的形成。建设单位、监理单位、勘察单位、设计单位、施工单位和材料设备供应商等任何一方、任何环节的怠慢、疏忽或质量责任不到位,都会对建设工程质量造成影响。

2)全过程质量管理。根据工程质量的形成规律,从源头抓起,全过程推进。《质量管理体系 基础和术语》(GB/T 19000—2016)中强调了质量管理的"过程方法"管理原则,主要过程有项目策划与决策过程;勘察设计过程;施工采购过程;施工组织与准备过程;检测设备控制与计量过程;施工生产的检验、试验过程;工程质量的评定过程;工程竣工验收与交付过程;工程回访、维修服务过程等。

3)全员参与质量管理。按照全面质量管理的思想,组织的最高管理者确定了质量方针和目标,就应动员和组织全体员工参与实施质量方针的系统活动。开展全员参与质量管理的重要手段就是运用目标管理方法,即将组织的质量总目标进行逐级分解,形成自上而下的质量目标分解体系和自下而上的质量目标保证体系,发挥组织系统内部每个工作岗位、部门或团队在实现质量总目标过程中的作用。

(3)阶段控制原理。质量控制的基本原理是运用全面质量管理的思想和动态控制的原理,进行质量的事前控制、事中控制和事后控制。

技能测试

1. 填空题

(1)全面质量管理的基本思想是强调在企业或组织的最高管理者提出的质量方针的指引下，实行_____、_____和_____质量管理。

(2)_____是指工程实体满足使用目的的各种性能。

(3)影响工程质量的因素主要包括_____、_____、_____、_____、_____和测量六个方面。

2. 选择题

(1)质量管理的 PDCA 循环是指(　　)。

    A. 计划—实施—检查—处置　　　　B. 实施—计划—检查—处置

    C. 计划—检查—实施—处置　　　　D. 计划—实施—处置—检查

(2)建设工程项目的全方位质量管理，是建设工程项目各方参与者所进行的质量管理的总称，各方参与者包括建设单位、设计单位、施工单位和(　　)。

    A. 供应商　　　　　　　　　　　　B. 分包单位

    C. 监理单位　　　　　　　　　　　D. 勘察单位

任务工单

1. 任务背景

某餐馆经营者通过市场调研和顾客反馈，发现该餐馆在竞争中逐渐失去吸引力。于是他决定通过 PDCA 循环来改进餐馆的经营状况。

经过分析，经营者确定了在提高竞争力方面需要进行改进的几个关键领域：菜品质量、服务质量和环境氛围。他设定了具体的目标，并与员工讨论实现这些目标的方法。计划包括对菜品进行优化、培训员工提供更好的服务、改善餐馆的装修和环境。

经营者通过更换厨师和提供新的培训，以改进菜品质量。他们培训员工与客户互动，从而为客户提供更周到的服务。此外，他们也雇用了一位专业装修师傅，对餐馆进行重新装修来改善环境氛围。

经过上述整改后并重新营业，经营者收集了客户的反馈，并比较了改进前后的业务数据。他发现餐馆的菜品质量得到了很大的改善，客户对服务的满意度也有所提高。然而，装修后的环境并没有达到他的期望，仍然需要进一步改善。

他决定再次更换装修师傅，并咨询了专业设计师来改进餐馆的环境布局和装饰。此外，他还计划加大对员工的培训力度，以确保服务质量的持续提高。他与员工讨论了这些计划，并与他们一起落实。

通过 PDCA 循环，经营者在改进餐馆经营状况方面取得了很大的成功。他持续地解决问题，不断尝试并改进措施，使餐馆的竞争力得到了提升。最终，餐馆在菜品质量、服务质量和环境氛围方面都得到了改善，获得了客户更多的好评。

2. 任务及要求

分析上述背景中的经营者为改进餐厅经营状况所做的 PDCA 循环管理活动，分别指出"计划、实施、检查、处置"四个阶段对应的内容。

3. 任务成果

书面描述，格式不限。

1.2 工程安全管理认知

课前认知

工程安全一直是建设工程中备受关注的问题之一。由于建筑业固有的事故高发性，参与工程建设的各方主体必须承担危险环境下的安全生产保障责任，还要制定合理的安全生产和事故防范规章制度。工程安全主要包括工程施工过程中人员的安全、建筑物制造和使用的安全、施工工具的使用安全和环境的安定、良好等内容。

理论学习

1.2.1 安全与安全生产

1. 安全

安全即没有危险、不出事故，是指人的身体健康不受伤害、财产不受损伤，保持完整无损的状态。安全可分为人身安全和财产安全两种情形。

2. 安全生产

狭义的安全生产，是指生产过程处于避免人身伤害、物的损坏及其他不可接受的损害风险（危险）的状态。不可接受的损害风险（危险）通常是指超出了法律、法规和规章的要求，超出了安全生产的方针、目标和企业的其他要求，超出了人民普遍接受（通常是隐含）的要求。广义的安全生产除直接对生产过程的控制外，还应包括劳动保护和职业卫生健康。

1.2.2 安全生产管理

安全生产管理是管理科学的一个重要分支，是为实现安全目标而进行的有关决策、计划、组织和控制等方面的活动；它主要运用现代安全管理原理、方法和手段，分析和研究各种不安全因素，在技术上、组织上和管理上采取有力的措施，消除各种不安全因素，防止事故的发生。因此，安全管理可定义为：以安全为目的，进行有关决策、计划、组织和控制方面的活动。

控制事故是安全生产管理工作的核心，而控制事故最好的方式就是实施事故预防，即通过管理和技术手段的结合，消除事故隐患，控制不安全行为，保障劳动者的安全，这也是"预防为主"的本质所在。但根据事故的特性可知，由于受技术水平、经济条件等各方面的限制，有些事故是难以完全避免的。因此，控制事故的第二种手段就是应急措施，即通过抢救、疏散、抑制等手段控制事故的蔓延，将事故造成的损失降至最小。

事故总是带来损失。对于一家企业来说，重大事故在经济上对其的打击是相当沉重的，有时甚至是致命的，因此，在实施事故预防和应急措施的基础上，通过购买财产保险、工伤保险、责任保险等，以保险补偿的方式保证企业的经济平衡和在发生事故后恢复生产的基本能力，这也是控制事故的手段之一。

所以，安全管理也可以说是利用管理的活动，将事故预防、应急措施与保险补偿三种手段有机地结合在一起，以达到保障安全的目的。

1.2.3 建筑工程安全生产管理的含义

所谓建筑工程安全生产管理,是指为保证建筑工程生产安全而进行的计划、组织、指挥、协调和控制等一系列管理活动,目的是保护劳动者在生产过程中的安全与健康,避免国家和人民的财产受到损失,保证建筑工程生产任务的顺利完成。建筑工程安全生产管理包括住房城乡建设主管部门对于建筑工程活动过程中安全生产的行业管理;安全生产行政主管部门对建筑工程活动过程中安全生产的综合性监督管理;从事建筑工程活动的主体(包括建筑施工企业、建筑勘察单位、设计单位和工程监理单位)为保证建筑工程活动的安全生产所进行的自我管理等。

1.2.4 安全生产管理的基本方针

"安全第一、预防为主、综合治理"是我国安全生产管理的基本方针。《中华人民共和国建筑法》(以下简称《建筑法》)规定:"建筑工程安全生产管理必须坚持安全第一、预防为主的方针"。

《中华人民共和国安全生产法》(以下简称《安全生产法》)在总结我国安全生产管理经验的基础上,再一次将"安全第一、预防为主"规定为我国安全生产管理的基本方针。

我国安全生产管理的基本方针经历了一个从"安全生产"到"安全生产、预防为主",再到"安全生产、预防为主、综合治理"的发展过程,而且强调在生产中要做好预防工作,尽可能地将事故消灭在萌芽状态之中。因此,对于我国安全生产管理基本方针的含义,应从这一方针的产生和发展理解,归纳起来主要有以下几方面内容。

1. 安全生产的重要性

生产过程中的安全是生产发展的客观需要,特别是现代化生产,更不允许有所忽视,必须强化安全生产。在生活、生产中,将安全工作放在第一位,尤其是当生产与安全发生矛盾时,生产必须服从安全,这是安全第一的含义。在社会主义国家里,安全生产又有其重要的意义,是国家的一项重要政策,是社会主义企业管理的一项重要原则,这是由社会主义制度决定的。

2. 安全与生产的辩证关系

在生产建设中,必须用辩证统一的观点处理好安全与生产的关系。这就是说,企业领导者必须善于安排好安全工作与生产工作,特别是在生产任务繁重的情况下,安全工作与生产工作发生矛盾时,更应处理好两者的关系,不要把安全工作挤掉。生产任务越是繁重,越要重视安全工作,把安全工作搞好,否则,就会导致工程事故,既妨碍生产,又影响企业信誉,这是被多年来的生产实践证明过的一条重要经验。

3. 安全生产工作必须强调预防为主

安全生产工作的预防为主是现代生产发展的需要。现代科学技术日新月异,而且往往是多学科综合运用,安全问题十分复杂,稍有疏忽就会酿成事故。预防为主,就是要在事故前做好安全工作,"防患于未然"。依靠科技进步,加强安全科学管理,搞好科学预测与分析工作,将工伤事故和职业危害消灭在萌芽状态中。安全第一、预防为主是相辅相成、相互促进的。"预防为主"是实现"安全第一"的基础。要做到安全第一,首先要做好预防措施。预防工作做好了,就可以保证安全生产、实现"安全第一",否则"安全第一"就是一句空话。这也是在实践中被证明了的一条重要经验。

4. 安全生产工作必须强调综合治理

现阶段我国安全生产工作出现严峻形势的原因是多方面的,既有安全监管体制和制度方面的原因,也有法律制度不健全的原因,又有科技发展落后的原因,还与整个民族安全文化素质有密切的关系,所以,要搞好安全生产工作,就应在完善安全生产管理的体制机制、加强安全生产法治建设、推动安全科学技术创新、弘扬安全文化等方面进行综合治理。

技能测试

填空题

(1)安全可分为_____安全和_____安全两种情形。

(2)广义的安全生产除直接对生产过程的控制外,还应包括_____和_____。

(3)"_____、_____、_____"是我国安全生产管理的基本方针。

(4)安全生产工作必须强调_____。

(5)安全是指人的身体健康不受伤害、财产不受损伤,保持_____的状态。

任务工单

1. 任务背景

2021年11月23日,浙江省某在建项目钢结构屋面在进行刚性保护层混凝土浇捣施工时发生坍塌事故,共造成6人死亡、6人受伤,直接经济损失1 097.55万元。调查认定:该事故是一起因屋面钢结构设计存在重大错误,且未按经施工图审查的设计图纸施工而引发坍塌的较大生产安全责任事故。最终,建设单位法定代表人、项目负责人、项目设计负责人、施工图设计人、项目总监理工程师等12人被依法逮捕;建设单位总工程师、项目经理、项目结构专业审核人、设计院执行院长等6人被取保候审。另外,对10名公职人员作出追责问责处理。

2. 任务及要求

通过网络等渠道了解该起事故详情,了解该项目建设单位、设计单位、监理单位、总承包单位、分包单位及施工图审查机构在该起事故中存在哪些安全生产管理方面的过错或违法行为。

3. 任务成果

书面描述,格式不限。

▶▶▶ 1.3 相关法律法规认知

课前认知

质量与安全生产法律规范是指国家关于改善劳动条件,保证工程质量,实现安全生产,为保护劳动者在生产过程中的安全与健康而制定的各种法律法规、规章和规范性文件的总和,是生产实践中的经验总结和对自然规律的认识与运用,是以国家强制力保证实施的一种行为规范,是必须执行的法律规范。

法律规范一般可分为技术规范和社会规范两大类。技术规范是指人们关于合理利用自然条件、生产工具、交通工具和劳动对象的行为准则,如标准、规范和规程等;社会规范是指调整人与人之间社会关系的行为准则。

质量与安全生产法规是贯彻安全生产方针、政策的有效保障，是保护劳动者安全与健康的重要手段，也是实现质量和安全生产的技术保证。

🗐 理论学习

1.3.1 质量与安全生产法规的层次结构

在实用层面上，我国的质量与安全生产法规的层次结构见表1-1。

表1-1 质量与安全生产法规的层次结构

层次	定义	主要内容
1	法律	《建筑法》《安全生产法》
2	行政法规	《建设工程质量管理条例》《建设工程安全生产管理条例》《安全生产许可证条例》《生产安全事故报告和调查处理条例》
3	部门规章制度	《房屋建筑工程质量保修办法》《房屋建筑和市政基础设施工程质量监督管理规定》《关于做好房屋建筑和市政基础设施工程质量事故报告和调查处理工作的通知》《建筑施工企业安全生产许可证管理规定》《建筑工程安全生产监督管理工作导则》《生产安全事故应急预案管理办法》等
4	专业标准体系	《建筑工程施工质量验收统一标准》《建设工程施工现场环境与卫生标准》《职业健康安全管理体系 要求及使用指南》《建筑施工安全技术统一规范》《施工企业安全生产评价标准》《建筑施工安全检查标准》《建筑施工高处作业安全技术规范》《建筑机械使用安全技术规程》《施工现场临时用电安全技术规范》等

1.3.2 建筑工程质量与安全专业标准体系简介

2003年年初，建设部（现住房和城乡建设部）制定了包括城市规划、城镇建设、房屋建筑三个部分的工程建设标准体系，建筑工程施工质量与安全专业标准包括在房屋建筑部分的体系中。每部分体系可分为基础标准、通用标准和专业标准三个层次。

(1)基础标准是指在某一专业范围内作为其他标准的基础并普遍使用的，具有广泛指导意义的术语、符号、计量单位、图形、模数、基本分类、基本原则等标准，如《城市规划基本术语标准》(GB/T 50280—1998)、《工程结构设计基本术语标准》(GB/T 50083—2014)等；又如《安全标志及其使用导则》(GB 2894—2008)，标准适用于建筑施工现场的安全标志，主要内容为有关建筑施工现场的安全标志意义及其使用要求。《建筑工程施工质量验收统一标准》(GB 50300—2013)是统一我国建筑施工质量验收方法、质量标准和程序的技术规定。该标准主要包括两部分内容，第一部分规定了建筑工程各专业验收规范编制的统一准则，对检验批、分项工程、分部工程、单位工程的划分、质量指标的设置和要求、验收的程序与组织都提出了原则的要求；第二部分规定了单位工程的验收，从单位工程的划分和组成，质量指标的设置到验收程序都做了具体规定。

(2)通用标准是指针对某一类标准化对象制定的覆盖面较大的共性标准。它可以作为制定专业标准的依据，如通用的安全、卫生与环保要求，通用的质量要求，通用的设计、施工要求与试验方法及通用的管理技术等，如《混凝土结构工程施工规范》(GB 50666—2011)是混凝土结构工程施工的通用标准，提出了混凝土结构工程施工管理和过程控制的基本要求。

（3）专业标准是指针对某一具体的标准化对象作为通用标准的补充、延伸而制定的。它覆盖面一般不大，如某种工程的勘察、规划、设计、施工、安装及质量验收的要求和方法，某个范围的安全、卫生、环保要求，某项试验方法，某种产品的应用技术及管理技术等，如《建筑施工安全检查标准》（JGJ 59—2011）是建筑施工安全检查的标准，主要内容包括施工现场的安全管理、文明施工、脚手架模板、垂直运输、基坑等分部分项工程安全检查的内容和指标；《建筑施工扣件式钢管脚手架安全技术规范》（JGJ 130—2011）适用于建筑施工中扣件式钢管脚手架的使用和管理，主要内容包括扣件式钢管脚手架的设计、构造和使用等技术指标和要求；《建筑深基坑工程施工安全技术规范》（JGJ 311—2013）适用于开挖深度大于或等于 5 m 的建筑深基坑工程的施工、安全使用与维护管理，主要内容包括施工安全专项方案、支护结构施工、地下水与地表水控制、土石方开挖、特殊性土基坑工程、检查与监测、基坑安全使用与维护等；《建筑施工高处作业安全技术规范》（JGJ 80—2016）主要适用于建筑工程施工高处作业中的临边、洞口、攀登、悬空、操作平台、交叉作业及安全网搭设等项作业，防止相关人员在高处作业中发生高处坠落及产生其他危及人身安全的各种事故。

为了适应建筑施工质量与安全工作的需要，明确建筑施工中各分部和分项工程、各部位和各环节的质量与安全指标，从定性管理走向定量管理，实现生产管理的标准化、科学化，我国正逐步完善建筑施工质量与安全专业标准的建立。

技能测试

1. 填空题

（1）法律规范一般可分为_____和_____两大类。

（2）2003 年年初，建设部制定了包括城市规划、城镇建设、房屋建筑三个部分的工程建设标准体系，每部分体系分为_____、_____、_____三个层次。

（3）_____是统一我国建筑施工质量验收方法、质量标准和程序的技术规定。

（4）_____是混凝土结构工程施工的通用标准，提出了混凝土结构工程施工管理和过程控制的基本要求。

（5）_____是建筑施工安全检查的标准。

2. 选择题

（1）《建筑施工高处作业安全技术规范》（JGJ 80—2016）主要适用于建筑工程施工高处作业中的（　　）等项的操作。

A. 洞口　　　　　B. 临边　　　　　C. 攀登　　　　　D. 操作平台

（2）针对某一类标准化对象制定的覆盖面较大的共性标准是（　　）。

A. 基础标准　　　B. 共性标准　　　C. 通用标准　　　D. 专用标准

任务工单

1. 任务背景

建筑工法楼主体结构内包括了混凝土框架结构、剪力墙结构、钢结构及装配式混凝土结构等常见结构类型，相关节点包含了建筑构造（如防水、砖砌体）、结构构造（如梁、板、柱、剪力墙的钢筋骨架）、装饰装修构造及施工构造（如模板支撑、外脚手架），每一处的做法均严格按照现行国家、行业标准、规范、规程要求执行。

2. 任务及要求

(1)参观建筑工法楼主体空间，了解相关构造及节点的做法。

(2)至少列举出 15 项与工法楼主体结构施工质量及安全相关的规范、规程、标准、图集，按照国家标准、行业标准、地方标准进行分类，并分别指出基础标准、通用标准及专业标准。

3. 任务成果

书面描述，格式不限。

1.4 质量控制要素及环节认知

课前认知

建筑工程的施工是一项综合性极强的系统工程，质量管理与控制要清楚影响施工质量的主要因素和关键环节，把握主要矛盾，找准控制对象，做到质量控制有的放矢；否则，管理活动将处于混乱无序的状态，无法达到预期效果。

理论学习

1.4.1 施工质量控制的概念

施工质量控制是指为了达到施工项目质量要求所采取的作业技术和活动。施工企业应为业主提供满意的建筑产品，对建筑施工过程实行全方位的控制，防止不合格的建筑产品产生。

(1)工程项目质量要求主要表现为工程合同、设计文件、技术规范规定的质量标准。因此，工程项目质量控制就是为了保证达到工程合同设计文件和标准规范规定的质量标准而采取的一系列措施、手段与方法。

(2)建设工程项目质量控制按其实施者的不同，包括以下三个方面：一是业主方面的质量控制；二是政府方面的质量控制；三是承建商方面的质量控制。这里的质量控制主要是指对承建商方面内部的、自身的控制。

(3)质量控制的工作内容包括作业技术和活动，也就是专业技术和管理技术两个方面。围绕产品质量形成全过程的各个环节，对影响工作质量的人、机、料、法、环五大因素进行控制，并对质量活动的成果进行分阶段验证，以便及时发现问题，采取相应的措施，防止不合格质量重复发生，尽可能地减少损失。因此，质量控制应贯彻以预防为主并与检验把关相结合的原则。

1.4.2 施工质量控制的依据

(1)共同性依据。共同性依据是指适用于施工质量管理有关的、通用的、具有普遍指导意义和必须遵守的基本法规。其主要是国家和政府有关部门颁布的与工程质量管理有关的法律法规性文件，如《建筑法》《招标投标法》和《建筑工程质量管理条例》等。

(2)专业技术性依据。专业技术性依据是指针对不同的行业、不同质量控制对象制定的专业技术规范文件，包括规范、规程、标准、规定等，如工程建设项目质量检验评定标准，有关建筑材料、半成品和构配件质量方面的专门技术法规性文件，有关材料验收、包装和标志等方面的技术标志与规定，有关施工工艺质量等方面的技术法规性文件，有关新工艺、新技术、新材料、新设备的质量规定和鉴定意见等。

(3)项目专用性依据。项目专用性依据是指本项目的工程建设合同、勘察设计文件、设计交底与图纸会审记录、设计修改和技术变更通知，以及相关会议记录和工程联系单等。

1.4.3 施工质量控制的基本环节

施工质量控制应贯彻全面、全员、全过程质量管理的思想，运用动态控制原理，进行质量的事前控制、事中控制和事后控制。

1. 事前质量控制

事前质量控制，即在正式施工前进行的事前主动质量控制，通过编制施工质量计划，明确质量目标，制定施工方案，设置质量管理点，落实质量责任，分析可能导致质量目标偏离的各种影响因素，针对这些影响因素制定有效的预防措施，防患于未然。

事前质量控制必须充分发挥组织的技术和管理面的整体优势，把长期形成的先进技术、管理方法和经验智慧创造性地应用于工程项目。

事前质量控制要求针对质量控制对象的控制目标、活动条件、影响因素进行周密分析，找出薄弱环节，制定有效的控制措施和对策。

2. 事中质量控制

事中质量控制，是指在施工质量形成过程中，对影响施工质量的各种因素进行全面的动态控制。事中质量控制也称为作业活动过程质量控制，包括质量活动主体的自我控制和他人监控的控制方式。自我控制是第一位的，即作业者在作业过程中对自己的质量活动行为的约束和技术能力的发挥，以完成符合预定质量目标的作业任务；他人监控是对作业者的质量活动过程和结果，由来自企业内部的管理者和企业外部有关方面进行监督检查，如工程监理机构、政府质量监督部门等的监控。

施工质量的自控和监控是相辅相成的系统过程。自控主体的质量意识和能力是关键，是施工质量的决定因素；各监控主体所进行的施工质量监控是对自控行为的推动和约束。

因此，自控主体必须正确处理自控和监控的关系，在致力于施工质量自控的同时，还必须接受来自业主、监理等方面对其质量行为和结果所进行的监督管理，包括质量检查、评价和验收。自控主体不能因为监控主体的存在和监控职能的实施而减轻或免除其质量责任。

事中质量控制的目标是确保工序质量合格，杜绝质量事故的发生；控制的关键是坚持质量标准；控制的重点是对工序质量、工作质量和质量控制点的控制。

3. 事后质量控制

事后质量控制也称为事后质量把关，是使不合格的工序或最终产品(包括单位工程或整个工程项目)不流入下道工序、不进入市场。事后质量控制包括对质量活动结果的评价、认定；对工序质量偏差的纠正；对不合格产品进行整改和处理。控制的重点是发现施工质量方面的缺陷并通过分析提出施工质量改进的措施，保持质量处于受控状态。

以上三大环节不是互相孤立和截然分开的，它们共同构成有机的系统过程，实质上也就是将 PDCA 循环具体化，在每次滚动循环中不断提高质量，达到质量管理和质量控制的持续改进。

1.4.4 施工生产要素的质量控制

1. 施工人员的质量控制

施工人员的质量包括参与工程施工各类人员的施工技能、文化素养、生理体能、心理行为等方面的个体素质，以及经过合理组织和激励发挥个体潜能综合形成的群体素质。因此，企业应通过择优录用、加强思想教育及技能方面的教育培训，合理组织、严格考核，并辅以必要的激励机制，使员工的潜在能力得到充分的发挥和最好的组合，使施工人员在质量控制系统中发挥主体自控作用。

施工企业必须坚持执业资格注册制度和作业人员持证上岗制度；对所选派的施工项目领导者、组织者进行教育和培训，使其所拥有的质量意识和组织管理能力能满足施工质量控制的要求；对所属施工队伍进行全员培训，加强质量意识的教育和技术训练，提高每个作业者的质量活动能力和自控能力；对分包单位进行严格的资质考核和施工人员的资格考核，其资质、资格必须符合相关法律法规的规定，与其分包的工程相适应。

2. 材料设备的质量控制

原材料、半成品及工程设备是工程实体的构成部分，其质量是项目工程实体质量的基础。加强原材料、半成品及工程设备的质量控制，不仅是提高工程质量的必要条件，也是实现工程项目投资目标和进度目标的前提。

对原材料、半成品及工程设备进行质量控制的主要内容包括控制材料设备的性能、标准、技术参数与设计文件的相符性；控制材料、设备各项技术性能指标、检验测试指标与标准规范要求的相符性；控制材料、设备进场验收程序的正确性及质量文件资料的完备性；控制优先采用节能低碳的新型建筑材料和设备，禁止使用国家明令禁用或淘汰的建筑材料和设备等。

施工单位应在施工过程中贯彻执行企业质量程序文件中关于材料和设备封样、采购、进场检验、抽样检测及质保资料提交等方面明确规定的一系列控制标准。

3. 工艺方案的质量控制

施工工艺的先进合理性是直接影响工程质量、工程进度及工程造价的关键因素，施工工艺的合理可靠性也直接影响到工程施工安全。因此，在工程项目质量控制系统中，制定和采用技术先进、经济合理、安全可靠的施工技术工艺方案，是工程质量控制的重要环节。施工工艺方案的质量控制主要包括以下内容：

(1)深入、正确地分析工程特征、技术关键及环境条件等资料，明确质量目标、验收标准、控制的重点和难点。

(2)制定合理有效的、有针对性的施工技术方案和组织方案。前者包括施工工艺、施工方法；后者包括施工区段划分、施工流向及劳动组织等。

(3)合理选用、布置施工机械设备及临时设施，合理布置施工总平面图和各阶段施工平面图。

(4)选用和设计保证质量与安全的模具、脚手架等施工设备。

(5)编制工程所采用的新材料、新技术、新工艺的专项技术方案和质量管理方案。

(6)针对工程具体情况，分析气象、地质等环境因素对施工的影响，制定应对措施。

4. 施工机械的质量控制

施工机械是指在施工过程中使用的各类机械设备，包括起重运输设备、人货两用电梯、加工机械、操作工具、测量仪器、计量器具及专用工具和施工安全设施等。施工机械设备是所有施工方案和工法得以实施的重要物质基础，合理选择和正确使用施工机械设备是保证施工质量的重要措施。

(1) 对施工所用的机械设备，应根据工程需要从设备选型、主要性能参数及使用操作要求等方面加以控制，并应符合安全、适用、经济、可靠、节能和环保等方面的要求。

(2) 对施工中使用的模具、脚手架等施工设备，除可按适用的标准定型选用外，一般需要按设计及施工要求进行专项设计，对其设计方案和制作质量的控制及验收应进行重点控制。

(3) 按现行施工管理制度要求，工程所用的施工机械、模板、脚手架，特别是危险性较大的现场安装的起重机械设备，不仅要对其设计安装方案进行审批，而且安装完毕交付使用前必须经专业管理部门的验收，待合格后方可使用。同时，在使用过程中，还需要落实相应的管理制度，以确保其能安全、正常地使用。

5. 施工环境因素的控制

施工环境因素主要包括施工现场自然环境因素、施工质量管理环境因素和施工作业环境因素。

施工环境因素对工程质量的影响，具有复杂多变和不确定性的特点，具有明显的风险特性。要减少其对施工质量的不利影响，主要是采取预测预防的风险控制方法。

(1) 对施工现场自然环境因素的控制。对地质、水文等方面影响因素，应根据设计要求，分析工程岩土地质资料，预测不利因素，并会同设计等方面制定相应的措施，采取如基坑降水、排水、加固围护等技术控制方案。

对天气气象方面的影响因素，应在施工方案中制定专项紧急预案，明确在不利条件下的施工措施，落实人员、器材等方面的准备，加强施工过程中的监控与预警。

(2) 对施工质量管理环境因素的控制。施工质量管理环境因素主要是指施工单位质量保证体系、质量管理制度和各参建施工单位之间的协调等因素。要根据工程承发包的合同结构，理顺管理关系，建立统一的现场施工组织系统和质量管理的综合运行机制，以确保质量保证体系处于良好的状态，创造良好的质量管理环境和氛围，使施工得以顺利进行，保证施工质量。

(3) 对施工作业环境因素的控制。施工作业环境因素主要是指施工现场的给水排水条件，各种能源介质供应，施工照明、通风、安全防护设施，施工场地空间条件和通道，以及交通运输和道路条件等因素。

要认真实施经过审批的施工组织设计和施工方案，落实保证措施，严格执行相关管理制度和施工纪律，保证上述环境条件良好，可使施工得以顺利进行，更使施工质量得到保证。

1.4.5　施工准备的质量控制

1. 施工技术准备工作的质量控制

施工技术准备是指在正式开展施工作业活动前进行的技术准备工作。这类工作内容繁多，主要在室内进行，例如，熟悉施工图纸，组织设计交底和图纸审查；进行工程项目检查验收的项目划分和编号；审核相关质量文件，细化施工技术方案和施工人员、机具的配置方案，编制施工作业技术指导书，绘制各种施工详图(如测量放线图、大样图及配筋、配板、配线图表等)，进行必要的技术交底和技术培训。

技术准备工作的质量控制包括对上述技术准备工作成果的复核审查，检查这些成果是否符合设计图纸和施工技术标准的要求；依据经过审批的质量计划审查、完善施工质量控制措施；针对质量控制点，明确质量控制的重点对象和控制方法；尽可能地提高上述工作成果对施工质量的保证程度等。

2. 现场施工准备工作的质量控制

（1）计量控制。计量控制是施工质量控制的一项重要基础工作。施工过程中的计量，包括施工生产时的投料计量、施工测量、监测计量，以及对项目、产品或过程的测试、检验、分析计量等。开工前要建立和完善施工现场计量管理的规章制度；明确计量控制责任者和配置必要的计量人员；严格按规定对计量器具进行维修和校验；统一计量单位，组织量值传递，保证量值统一，从而保证施工过程中计量的准确。

（2）测量控制。工程测量放线是建设工程产品由设计转化为实物的第一步。施工测量质量的好坏，直接决定工程的定位和标高是否正确，并且制约施工过程有关工序的质量。因此，在开工前，施工单位应编制测量控制方案，经项目技术负责人批准后实施。要对建设单位提供的原始坐标点、基准线和水准点等测量控制点进行复核，并将复测结果上报监理工程师审核并批准后，施工单位才能建立施工测量控制网，进行工程定位和标高基准的控制。

（3）施工平面图控制。建设单位应按照合同约定并充分考虑施工的实际需要，事先划定并提供施工用地和现场临时设施用地的范围，协调平衡和审查批准各施工单位的施工平面设计。施工单位要严格按照批准的施工平面布置图，科学合理地使用施工场地，正确安装设置施工机械设备和其他临时设施，维护现场施工道路畅通无阻和通信设施完好，合理控制材料的进场与堆放，保持良好的防洪排水能力，保证充分的给水和供电。建设（监理）单位应会同施工单位制定严格的施工场地管理制度、施工纪律和相应的奖惩措施，严禁乱占场地和擅自断水、断电、断路，还要及时制止和处理各种违纪行为并做好施工现场的质量检查记录。

1.4.6　施工过程的质量控制

1. 技术交底

做好技术交底是保证施工质量的重要措施之一。项目开工前应由项目技术负责人向承担施工的负责人或分包人进行书面技术交底，技术交底资料应办理签字手续并归档保存。每一分部工程开工前均应进行作业技术交底。技术交底书应由施工项目技术人员编制，并经项目技术负责人批准实施。技术交底的内容主要包括任务范围、施工方法、质量标准和验收标准，施工中应注意的问题，可能出现意外的预防措施及应急方案，文明施工和安全防护措施及成品保护要求等。技术交底应围绕施工材料、机具、工艺、工法、施工环境和具体的管理措施等方面进行，应明确具体的步骤、方法、要求和完成的时间等。技术交底的形式有书面、口头、会议、挂牌、样板、示范操作等。

2. 测量控制

项目开工前应编制测量控制方案，经项目技术负责人批准后实施。对相关部门提供的测量控制点应在施工准备阶段做好复核工作，经审批后进行施工测量放线并保存测量记录。在施工过程中，应对设置的测量控制点、线妥善保护，不准擅自移动。施工过程中必须认真进行施工测量复核工作，这是施工单位应履行的技术工作职责，其复核结果应报送监理工程师复验确认后，方能进行后续相关工序的施工。常见的施工测量复核如下：

（1）工业建筑测量复核：厂房控制网测量、桩基施工测量、柱模轴线与高程检测、厂房结构安装定位检测、设备基础与预埋螺栓定位检测等。

（2）民用建筑测量复核：建筑物定位测量、基础施工测量、墙体皮数杆检测、楼层轴线检测、楼层间高程传递检测等。

（3）高层建筑测量复核：建筑场地控制测量、基础以上的平面与高程控制、建筑物中垂准检测和施工过程中沉降变形观测等。

（4）管线工程测量复核：管网或输配电线路定位测量、地下管线施工检测、架空管线施工检测、多管线交汇点高程检测等。

3. 工序施工质量控制

工序是人、材料、机械设备、施工方法和环境因素对工程质量综合起作用的过程，所以对施工过程的质量控制，必须以工序作业质量控制为基础和核心。工序的质量控制是施工阶段质量控制的重点。只有严格控制工序质量，才能确保施工项目的实体质量。根据《建筑工程施工质量验收统一标准》（GB 50300—2013）的规定，各施工工序应按施工技术标准进行质量控制，每道施工工序完成后，经施工单位自检符合规定后，才能进行下道工序的施工。各专业工种之间的相关工序应进行交接检验，并应做好记录。对于监理单位提出检查要求的重要工序，应经监理工程师检查认可，才能进行下道工序施工。

工序施工质量控制主要包括工序施工条件质量控制和工序施工效果质量控制。

（1）工序施工条件质量控制。工序施工条件是指从事工序活动的各生产要素质量及生产环境条件。工序施工条件质量控制就是控制工序活动的各种投入要素质量和环境条件质量。控制的手段主要包括检查、测试、试验、跟踪监督等。其控制依据主要是设计质量标准、材料质量标准、机械设备技术性能标准、施工工艺标准及操作规程等。

（2）工序施工效果质量控制。工序施工效果主要反映工序产品的质量特征和特性指标。对工序施工效果的控制就是控制工序产品的质量特征和特性指标，使其达到设计质量标准及施工质量验收标准的要求。工序施工效果质量控制属于事后质量控制，其控制的主要途径是实测获取数据、统计分析所获取的数据、判断认定质量等级和纠正质量偏差。

施工过程质量检测试验的内容应依据现行国家相关标准、设计文件、合同要求和施工质量控制的需要确定，主要内容见表1-2。

表1-2　施工过程质量检测试验主要内容

序号	类别	检测试验项目	主要检测试验参数	备注
1	土方回填	土工击实	最大干密度	
			最优含水量	
		压实程度	压实系数	
2	地基与基础	换填地基	压实系数/承载力	
		加固地基、复合地基	承载力	
		桩基	承载力	
			桩身完整性	钢桩除外
3	基坑支护	土钉墙	土钉抗拔力	
		水泥土墙	墙身完整性	
			墙体强度	设计有要求时
		锚杆、锚索	锁定力	

序号	类别	检测试验项目	主要检测试验参数	备注
4	钢筋连接	机械连接现场检验	抗拉强度	
		钢筋焊接工艺检验、闪光对焊、气压焊	抗拉强度	
			弯曲	适用于闪光对焊、气压焊接头，适用于气压焊水平连接筋
		电弧焊、电渣压力焊、预埋件钢筋T形接头	抗拉强度	
		网片焊接	抗剪力	热轧带肋钢筋
			抗拉强度	冷轧带肋钢筋
			抗剪力	
5	混凝土	配合比设计	工作性、强度等级	指工作度、坍落度等
		混凝土性能	标准养护试件强度	
			同条件养护试件强度	冬期施工或根据施工需要留置
			同条件养护转标准养护28天试件强度	
			抗渗性能	有抗渗要求时
6	砌筑砂浆	配合比设计	强度等级、稠度	
		砂浆力学性能	标准养护试件强度	
			同条件养护试件强度	冬期施工时增设
7	钢结构	网架结构焊接球节点、螺栓球节点	承载力	安全等级一级、$L \geqslant 40$ m且设计有要求时
		焊缝质量	焊缝探伤	
		后锚固(植筋、锚栓)	抗拔承载力	
8	装饰装修	饰面砖粘贴	黏结强度	

4. 施工作业质量自控

(1)施工作业质量自控的意义。施工作业质量自控，从经营的层面来说，强调的是作为建筑产品生产者和经营者的施工企业，应全面履行企业的质量责任，并应向顾客提供质量合格的工程产品；从生产的过程来说，其强调的是施工作业者的岗位质量责任，并向后道工序提供合格的作业成果(中间产品)。因此，施工方是施工阶段质量的自控主体。施工方不能因为监控主体的存在和监控责任的实施而减轻或免除其质量责任。《建筑法》和《建设工程质量管理条例》中规定：建筑施工企业对工程的施工质量负责；建筑施工企业必须按照工程设计要求、施工技术标准和合同的约定，对建筑材料、建筑构配件和设备进行检验，不合格的不得使用。

施工方作为工程施工质量的自控主体，既要遵循本企业质量管理体系的要求，也要根据其在所承建的工程项目质量控制系统中的地位和责任，通过具体项目质量计划的编制与实施，从而有效实现施工质量的自控目标。

(2)施工作业质量自控的程序。施工作业质量自控过程是由施工作业组织成员进行的。其基本的控制程序包括施工作业技术的交底，施工作业活动的实施和施工作业质量的自检自查、互检互查，以及专职管理人员的质量检查等。

1)施工作业技术的交底。技术交底是施工组织设计和施工方案的具体化，施工作业技术交底的内容必须具有可行性和可操作性。

从项目的施工组织设计到分部分项工程的作业计划，在实施之前都必须逐级进行交底，其目的是使管理者的计划和决策意图为实施人员所理解。施工作业交底是最基层的技术和管理交底活动，施工总承包方和工程监理机构都要对施工作业交底进行监督。施工作业交底的内容包括作业范围、施工依据、作业程序、技术标准和要领、质量目标，以及其他与安全、进度、成本、环境等目标管理有关的要求和注意事项。

2)施工作业活动的实施。施工作业活动是由一系列工序所组成的。为了保证工序质量受控，首先要对作业条件再进行确认，即按照作业计划检查作业准备状态是否落实到位，其中包括对施工程序和作业工艺顺序的检查确认，在此基础上，严格按作业计划的程序、步骤和质量要求展开工序作业活动。

3)施工作业质量的检验。施工作业的质量检查是贯穿整个施工过程的最基本的质量控制活动，包括施工单位内部的工序作业质量自检、互检、专检和交接检查，以及现场监理机构的旁站检查、平行检验等。施工作业质量检查是施工质量验收的基础，已完检验批及分部分项工程的施工质量，必须在施工单位完成质量自检并确认合格之后，才能报请现场监理机构进行检查验收。

前道工序作业质量经验收合格后，才可进入下道工序施工。未经验收合格的工序，不得进入下一道工序施工。

(3)施工作业质量自控的要求。工序作业质量是直接形成工程质量的基础，为达到对工序作业质量控制的效果，在加强工序管理和质量目标控制方面应坚持以下要求：

1)预防为主。严格按照施工质量计划的要求，进行各分部分项施工作业的部署。同时，根据施工作业的内容、范围和特点，制定施工作业计划，明确作业质量目标和作业技术要领，认真进行作业技术交底，落实各项作业技术组织措施。

2)重点控制。在施工作业计划中，一方面要认真贯彻实施施工质量计划中的质量控制点的控制措施；另一方面要根据作业活动的实际需要，进一步建立工序作业控制点，深化工序作业的重点控制。

3)坚持标准。工序作业人员在工序作业过程中应严格进行质量自检，通过自检不断改善作业，并创造条件开展作业质量互检，通过互检加强技术与经验的交流。对已完工序作业产品，即检验批或分部分项工程，应严格坚持质量标准。对不合格的施工作业质量，不得验收，必须按照规定的程序处理。

《建筑工程施工质量验收统一标准》(GB 50300—2013)及配套使用的专业质量验收规范是施工作业质量自控的合格标准。有条件的施工企业或项目经理部应结合自己的条件编制高于国家标准的企业内控标准或工程项目内控标准，或采用施工承包合同明确规定更高的标准，将其列入质量计划中，努力提升工程质量水平。

4)记录完整。施工图纸、质量计划、作业指导书、材料质保书、检验试验及检测报告、质量验收记录等，是形成可追溯的质量保证的依据，也是工程竣工验收所不可缺少的质量控制资料。

因此，对工序作业质量，应有计划、有步骤地按照施工管理规范的要求进行填写记载，做到及时、准确、完整、有效，还具有可追溯性。

(4)施工作业质量自控的制度。根据实践经验总结，施工作业质量自控的有效制度如下：

1)质量自检制度。

2)质量例会制度。

3)质量会诊制度。

4)质量样板制度。

5)质量挂牌制度。

6)每月质量讲评制度等。

5. 施工作业质量的监控

(1)施工作业质量的监控主体。为了保证项目质量，建设单位、监理单位、设计单位及政府的工程质量监督部门，在施工阶段依据法律法规和工程施工承包合同，对施工单位的质量行为和项目实体质量实施监督控制。

设计单位应当就审查合格的施工图设计文件向施工单位作出详细说明，应当参与建设工程质量事故分析，并对因设计造成的质量事故，提出相应的技术处理方案。

建设单位在领取施工许可证或者开工报告前，应当按照国家有关规定办理工程质量监督手续。

作为监控主体之一的项目监理机构，在施工作业实施过程中，根据其监理规划与实施细则，采取现场旁站、巡视、平行检验等形式，对施工作业质量进行监督检查，如发现工程施工不符合工程设计要求、施工技术标准和合同约定，有权要求建筑施工企业改正。

监理机构应对施工质量进行检查，没有检查或没有按规定进行检查的，给建设单位造成损失时应承担赔偿责任。

必须强调，施工质量的自控主体和监控主体，在施工全过程中相互依存、各尽其责，共同推动着施工质量控制过程的展开并最终实现工程项目的质量总目标。

(2)现场质量检查。现场质量检查是施工作业质量监控的主要手段。

1)现场质量检查的内容。

①开工前的检查。主要检查是否具备开工条件，开工后是否能够保持连续正常施工，能否保证工程质量。

②工序交接检查。对于重要的工序或对工程质量有重大影响的工序，应严格执行"三检"制度(自检、互检、专检)，未经监理工程师(或建设单位技术负责人)检查认可，不得进行下一道工序的施工。

③隐蔽工程的检查。施工中凡是隐蔽工程必须经检查认证后方可进行隐蔽掩盖。

④停工后复工的检查。因客观因素停工或处理质量事故等停工复工时，经检查认可后方能复工。

⑤分项、分部工程完工后的检查。应经检查认可，并签署验收记录后，才能进行下一工程项目的施工。

⑥成品保护的检查。检查成品有无保护措施及保护措施是否有效可靠。

2)现场质量检查的方法。

①目测法。目测法即凭借感官进行检查，也称为观感质量检验，其手段可概括为"看、摸、敲、照"四个字。

a.看，就是根据质量标准要求进行外观检查，如清水墙面是否洁净，喷涂的密实度和颜色是否良好、均匀，工人的操作是否正常，内墙抹灰的大面及口角是否平直，混凝土外观是否符合要求等。

b.摸，就是通过触摸手感进行检查、鉴别，如油漆的光滑度，浆活是否牢固、不掉粉等。

c.敲，就是运用敲击工具进行音感检查，如对地面工程、装饰工程中的水磨石、面砖、石材饰面等，均应进行敲击检查。

d. 照，就是通过人工光源或反射光照射，检查难以看到或光线较暗的部位，如管道井、电梯井等内部管线、设备安装质量，装饰吊顶内连接及设备安装质量等。

②实测法。实测法就是通过实测数据与施工规范、质量标准的要求及允许偏差值进行对照，并以此判断质量是否符合要求，其手段可概括为"靠、量、吊、套"四个字。

a. 靠，就是用直尺、塞尺检查墙面、地面、路面等的平整度。

b. 量，就是用测量工具和计量仪表等检查断面尺寸、轴线、标高、湿度、温度等的偏差，例如，大理石板拼缝尺寸、摊铺沥青拌合料的温度、混凝土坍落度的检测等。

c. 吊，就是利用托线板及线坠吊线检查垂直度，例如，砌体垂直度检查、门窗的安装等。

d. 套，就是以方尺套方，辅以塞尺检查，例如，对阴阳角的方正、踢脚线的垂直度、预制构件的方正、门窗口及构件的对角线的检查等。

③试验法。试验法是指通过必要的试验手段对质量进行判断的检查方法，主要包括以下内容：

a. 理化试验。工程中常用的理化试验包括物理力学性能方面的检验和化学成分及化学性能的测定两个方面。物理力学性能的检验包括各种力学指标的测定，如抗拉强度、抗压强度、抗弯强度、抗折强度、冲击韧性、硬度、承载力等，以及各种物理性能方面的测定，如密度、含水量、凝结时间、安定性及抗渗、耐磨、耐热性能等；化学成分及化学性质的测定，如钢筋中的磷、硫含量，混凝土中粗骨料的活性氧化硅成分，以及耐酸、耐碱、抗腐蚀性等。此外，根据规定有时还需要进行现场试验，例如，对桩或地基的静载试验、下水管道的通水试验、压力管道的耐压试验、防水层的蓄水或淋水试验等。

b. 无损检测。利用专门的仪器仪表从表面探测结构物、材料、设备的内部组织结构或损伤情况。常用的无损检测方法有超声波探伤、X射线探伤、γ射线探伤等。

3）技术核定与见证取样送检。

①技术核定。在建设工程项目施工过程中，因施工方对施工图纸的某些要求不甚明白，或图纸内部存在某些矛盾，或工程材料调整与代用，改变建筑节点构造、管线位置或走向等，需要通过设计单位明确或确认的，施工方必须以技术核定单的方式向监理工程师提出，报送设计单位核准确认。

②见证取样送检。为了保证建设工程质量，我国规定对工程所使用的主要材料、半成品、构配件，以及施工过程留置的试块、试件等应实行现场见证取样送检。见证人员由建设单位及工程监理机构中有相关专业知识的人员担任；送检的实验室应具备经国家或地方工程检验检测主管部门核准的相关资质；见证取样送检必须严格按执行规定的程序进行，包括取样见证并记录、为样本编号、填单、封箱、送实验室、核对、交接、试验检测、报告等。

检测机构应当建立档案管理制度。检测合同、委托单、原始记录、检测报告应当按年度统一编号，编号应当连续，不得随意抽撤、涂改。

6. 隐蔽工程验收与施工成品质量保护

（1）隐蔽工程验收。凡被后续施工所覆盖的施工内容，如地基基础工程、钢筋工程、预埋管线等均属隐蔽工程。加强隐蔽工程质量验收，是施工质量控制的重要环节。其程序要求施工方首先应完成自检并合格，然后填写专用的《隐蔽工程验收单》。验收单所列的验收内容应与已完的隐蔽工程实物一致并事先通知监理机构及有关部门，按约定时间验收。验收合格的隐蔽工程由各方共同签署验收记录；验收不合格的隐蔽工程，应按验收整改意见进行整改后重新验收。严格填写隐蔽工程验收的程序和记录，这对于预防工程质量隐患及提供可追溯质量记录具有重要作用。

（2）施工成品质量保护。建设工程项目已完施工的成品保护，其目的是避免已完施工成品受到来自后续施工及其他方面的污染或损坏。已完施工的成品保护问题和相应措施，在工程施工组织设计与计划阶段就应该从施工顺序上进行考虑，防止施工顺序不当或交叉作业造成相互干扰、污染和损坏；成品形成后可采取防护、覆盖、封闭、包裹等相应措施进行保护。

1.4.7　施工质量与设计质量的协调

1. 项目设计质量的控制

要保证施工质量，首先要控制设计质量。项目设计质量的控制，主要是从满足项目建设需求入手，包括国家相关法律法规、强制性标准和合同规定的明确需求以及潜在需求，以使用功能和安全可靠性为核心，进行下列设计质量的综合控制：

（1）项目功能性质量控制。项目功能性质量控制的目的，是保证建设工程项目使用功能的符合性，其内容包括项目内部的平面空间组织、生产工艺流程组织。如满足使用功能的建筑面积分配及宽度、高度、净空、通风、保暖、日照等物理指标和节能、环保、低碳等方面的符合性要求。

（2）项目可靠性质量控制。项目可靠性质量控制主要是指建设工程项目建成后，在规定的使用年限和正常的使用条件下，保证使用安全和建筑物、构筑物及其设备系统性能的稳定、可靠。

（3）项目观感性质量控制。对于建筑工程项目，项目感观性质量控制主要是指建筑物的总体格调、外部形体及内部空间观感效果，整体环境的适宜性、协调性，文化内涵的韵味及其魅力等的体现；道路、桥梁等基础设施工程同样也有其独特的构型格调、观感效果及其环境适宜性的要求。

（4）项目经济性质量控制。建设工程项目设计经济性质量是指不同设计方案的选择对建设投资的影响。设计经济性质量控制的目的是强调设计过程的多方案比较，通过价值工程、优化设计，不断提高建设工程项目性价比。在满足项目投资目标要求的条件下，做到经济高效、无浪费。

（5）项目施工可行性质量控制。任何设计意图都要通过施工来实现，设计意图不能脱离现实的施工技术和装备水平；否则再好的设计意图也无法实现。设计一定要充分考虑施工的可行性并尽量做到方便施工，使施工顺利进行。

2. 施工与设计的协调

从项目施工质量控制的角度来说，项目建设单位、施工单位和监理单位，都要注重施工与设计的相互协调。这个协调工作主要包括以下几个方面：

（1）设计联络。项目建设单位、施工单位和监理单位应组织施工单位到设计单位进行设计联络，其主要任务如下：

1）了解设计意图、设计内容和特殊技术要求，分析其中的施工重点和难点，以便有针对性地编制施工组织设计，及时做好施工准备；对于以现有的施工技术和装备水平实施有困难的设计，要及时提出意见，协商修改设计，或者探讨通过技术攻关提高技术装备水平来实施的可能性，同时向设计单位介绍和推荐先进的施工新技术、新工艺和工法，争取通过适当的设计，使这些新技术、新工艺和工法在施工中得到应用。

2）了解设计进度，根据项目进度控制总目标、施工工艺顺序和施工进度安排提出设计的时间和顺序要求，对设计和施工进度进行协调，使施工得以连续、顺利进行。

3)从施工质量控制的角度，提出合理化建议，优化设计，为保证和提高施工质量创造更好的条件。

（2）设计交底和图纸会审。建设单位和监理单位应组织设计单位向所有的施工实施单位进行详细的设计交底，使实施单位充分理解设计意图，了解设计内容和技术要求，明确质量控制的重点和难点；同时认真地进行图纸会审，深入挖掘并解决各专业设计之间可能存在的矛盾，消除施工图的差错。

（3）设计现场服务和技术核定。建设单位和监理单位应要求设计单位派出经验丰富的设计人员到施工现场进行设计服务，解决施工中发现和提出的与设计有关的问题，及时做好相关设计核定工作。

（4）设计变更。在施工期间，无论是建设单位、设计单位或施工单位提出需要进行局部设计变更的内容，都必须按照规定的程序，先将变更意图或请求报送监理工程师审查，经设计单位审核认可并签发《设计变更通知书》后，再由监理工程师下达《变更指令》。

🖰 技能测试

1. 填空题

（1）施工人员的质量包括参与工程施工各类人员的_____、_____、生理体能、_____等方面的个体素质。

（2）施工企业必须坚持执业资格_____制度和作业人员_____制度。

（3）控制优先采用_____的新型建筑材料和设备，禁止使用国家明令_____或_____的建筑材料和设备等。

（4）在工程项目质量控制系统中，制定和采用_____、_____、_____的施工技术工艺方案，是工程质量控制的重要环节。

（5）施工质量控制应贯彻_____、_____、_____质量管理的思想，运用_____控制原理，进行质量的_____控制、_____控制和_____控制。

（6）每道施工工序完成后，经施工单位_____后，才能进行下道工序的施工。

（7）对于监理单位提出检查要求的重要工序，应经_____检查认可，才能进行下道工序施工。

2. 选择题

（1）以下不属于共同性依据的是（　　）。

A.《建筑法》

B.《招标投标法》

C.《建筑工程质量管理条例》

D. 勘察设计文件

（2）对质量活动结果进行评价、认定；对工序质量偏差进行纠正；对不合格产品进行整改和处理的活动称为（　　）。

A. 事前质量控制　　　　　　　　　B. 事中质量控制

C. 事后质量控制　　　　　　　　　D. 事故处理

（3）技术交底的形式有（　　）。

A. 书面　　　　　B. 口头　　　　　C. 会议　　　　　D. 示范操作

（4）下列属于监理单位对施工质量检验方式的是（　　）。

A. 自检　　　　　B. 互检　　　　　C. 旁站　　　　　D. 平行检验

(5)下列不属于施工单位对施工质量检验方式的是(　　)。

  A. 自检   B. 互检   C. 旁站   D. 专检

🔲 任务工单

1. 任务背景

  建筑工法楼三层①~⑤/⑧轴上有一道现浇剪力墙，目前已完成钢筋绑扎及部分模板的安装，根据施工图纸，该剪力墙墙身采用直径为 14 mm 的 HRB400 级钢筋，钢筋间距为 150 mm×150 mm，拉结筋按梅花形布置，混凝土强度的等级设计要求为 C30。

2. 任务及要求

  根据上述背景，围绕"人、机、料、法、环""施工准备""施工监督""设计协调""施工过程""隐蔽验收及成品保护"几个环节，分组讨论如何保证该剪力墙施工质量。

3. 任务成果

  书面描述，格式不限。

项目 2　建筑工程施工质量管理

知识目标

1. 熟悉土石方工程、地基工程、基础工程、地下水控制工程的质量控制要点。
2. 掌握混凝土工程、砌体工程、钢结构工程、屋面工程的质量控制要点。
3. 熟悉建筑工程质量验收的划分，掌握建筑工程质量验收的具体要求。
4. 掌握建筑工程质量验收的程序和组织。

能力目标

1. 能够正确运用工程中常用的质量检测器具对施工工程实体成品进行检验和质量记录。
2. 能够根据施工质量检验标准对所验工程的工程质量作出正确评价。

素质目标

千丈之堤，以蝼蚁之穴溃；百尺之室，以突隙之烟焚。在质量管理工作中，大家应做到耐心、细致、精益求精，要注重细节，善于发现并及时解决问题，把质量隐患消除在萌芽状态。

2.1　地基与基础工程施工质量控制

课前认知

地基与基础工程是建筑工程中重要的分部工程，任何一个建（构）筑物都是由上部结构、基础和地基三个部分组成的。基础承受建筑物的全部荷载并将其传递给地基，地基承受基础传来的全部荷载，并随土层深度向下扩散，被压缩而产生了变形。本节主要介绍地基与基础工程部分子分部工程的施工质量控制要点。

2.1.1 土石方工程质量控制要点

土石方工程是建筑工程施工中主要工程之一，包括一切土（石）方的开挖、填筑、运输及排水、降水等方面，具体有场地平整、路基开挖、地下室开挖、地坪填土、路基填筑及基坑回填。

1. 土石方开挖

(1)在土石方工程开挖施工前，应完成支护结构、地面排水、地下水控制、基坑及周边环境监测、施工条件验收和应急预案准备等工作的验收，待合格后方可进行土石方开挖。

(2)施工前应检查支护结构质量、定位放线、排水和地下水控制系统，以及对周边影响范围内地下管线和建（构）筑物保护措施的落实并应合理安排土方运输车辆的行走路线及弃土场。附近有重要保护设施的基坑，应在土方开挖前对围护体的止水性能通过预降水进行检验。

(3)施工中应检查平面位置、水平标高、边坡坡率、压实度、排水系统、地下水控制系统、预留土墩、分层开挖厚度、支护结构的变形并随时观测周围环境变化。

(4)施工后应检查平面几何尺寸、水平标高、边坡坡率、表面平整度和基底土性等。

(5)临时性挖方工程的边坡坡率允许值应符合表 2-1 的规定或经设计计算确定。

表 2-1　临时性挖方工程的边坡坡率允许值

土的类别		边坡值(高：宽)
砂土(不包括细砂、粉砂)		1：1.25～1：1.50
一般性黏土	硬	1：0.75～1：1.00
	硬、塑	1：1.00～1：1.25
	软	1：1.50 或更缓
碎石类土	充填坚硬、硬塑黏性土	1：0.50～1：1.00
	充填砂土	1：1.00～1：1.50
注：1. 设计有要求时，应符合设计标准。 　　2. 如采用降水或其他加固措施，可不受本表限制，但应计算并复核。 　　3. 开挖深度，对软土不应超过 4 m，对硬土不应超过 8 m		

(6)土石方开挖的顺序、方法必须与设计工况和施工方案相一致，并应遵循"开槽支撑，先撑后挖，分层开挖，严禁超挖"的原则。

(7)平整后的场地表面坡率应符合设计要求，设计无要求时，沿排水沟方向的坡率不应小于 2‰，平整后的场地表面应逐点检查。土石方工程的标高检查点为每 100 m² 取 1 点，且不应少于 10 点；土石方工程的平面几何尺寸（长度、宽度等）应全数检查；土石方工程的边坡为每 20 m 取 1 点，且每边不应少于 1 点。土石方工程的表面平整度检查点为每 100 m² 取 1 点，且不应少于 10 点。

(8)土方开挖工程的质量检验标准应符合表 2-2～表 2-5 的规定。

表 2-2　柱基、基坑、基槽土方开挖工程的质量检验标准

项	序	项目	允许值或允许偏差		检查方法
			单位	数值	
主控项目	1	标高	mm	0 −50	水准测量
	2	长度、宽度(由设计中心线向两边量)	mm	+200 −50	全站仪或用钢尺量
	3	坡率	设计值		目测法或用坡度尺检查
一般项目	1	表面平整度	mm	±20	用 2 m 靠尺
	2	基底土性	设计要求		目测法或土样分析

表 2-3　挖方场地平整土方开挖工程的质量检验标准

项	序	项目	允许值或允许偏差			检查方法
			单位	数值		
主控项目	1	标高	mm	人工	±30	水准测量
				机械	±50	
	2	长度、宽度(由设计中心线向两边量)	mm	人工	+300 −100	全站仪或用钢尺量
				机械	+500 −150	
	3	坡率	设计值			目测法或用坡度尺检查
一般项目	1	表面平整度	mm	人工	±20	用 2 m 靠尺
				机械	±50	
	2	基底土性	设计要求			目测法或土样分析

表 2-4　管沟土方开挖工程的质量检验标准

项	序	项目	允许值或允许偏差		检查方法
			单位	数值	
主控项目	1	标高	mm	0 −50	水准测量
	2	长度、宽度(由设计中心线向两边量)	mm	+100 0	全站仪或用钢尺量
	3	坡率	设计值		目测法或用坡度尺检查
一般项目	1	表面平整度	mm	±20	用 2 m 靠尺
	2	基底土性	设计要求		目测法或土样分析

表 2-5　地(路)面基层土方开挖工程的质量检验标准

项	序	项目	允许值或允许偏差		检查方法
			单位	数值	
主控项目	1	标高	mm	0 −50	水准测量
	2	长度、宽度(由设计中心线向两边量)	设计值		全站仪或用钢尺量
	3	坡率	设计值		目测法或用坡度尺检查
一般项目	1	表面平整度	mm	±20	用 2 m 靠尺
	2	基底土性	设计要求		目测法或土样分析

注：地(路)面基层的偏差只适用于直接在挖、填方上做地(路)面的基层。

2. 土石方回填

(1)施工前应检查基底的垃圾、树根等杂物清除情况，测量基底标高、边坡坡率，检查验收基础外墙防水层和保护层等。回填料应符合设计要求，并应确定回填料含水量控制范围、铺土厚度、压实遍数等施工参数。

(2)施工中应检查排水系统，每层填筑厚度、辗迹重叠程度、含水量控制、回填土有机质含量、压实系数等。回填施工的压实系数应满足设计要求。当采用分层回填时，应在下层的压实系数经试验合格后进行上层施工。填筑厚度及压实遍数应根据土质、压实系数及压实机具确定。当没有试验依据时，应符合表 2-6 的规定。

表 2-6　填土施工时的分层厚度及压实遍数

压实机具	分层厚度/mm	每层压实遍数
平碾	250～300	6～8
振动压实机	250～350	3～4
柴油打夯	200～250	3～4
人工打夯	＜200	3～4

(3)填方工程质量检验标准应符合表 2-7 和表 2-8 的规定。

表 2-7　柱基、基坑、基槽、管沟、地(路)面基础层填方工程质量检验标准

项	序	项目	允许值或允许偏差		检查方法
			单位	数值	
主控项目	1	标高	mm	0 −50	水准测量
	2	分层压实系数	不小于设计值		环刀法、灌水法、灌砂法
一般项目	1	回填土料	设计要求		取样检查或直接鉴别
	2	分层厚度	设计值		水准测量及抽样检查
	3	含水量	最优含水量±2%		烘干法
	4	表面平整度	mm	±20	用 2 m 靠尺
	5	有机质含量	≤5%		灼烧减量法
	6	辗迹重叠长度	mm	500～1000	用钢尺量

表 2-8　场地平整填方工程质量检验标准

项	序	项目	允许值或允许偏差			检查方法
			单位	数值		
主控项目	1	标高	mm	人工	±30	水准测量
				机械	±50	
	2	分层压实系数	不小于设计值			环刀法、灌水法、灌砂法
一般项目	1	回填土料	设计要求			取样检查或直接鉴别
	2	分层厚度	设计值			水准测量及抽样检查
	3	含水量	最优含水量±4%			烘干法
	4	表面平整度	mm	人工	±20	用 2 m 靠尺
				机械	±30	
	5	有机质含量	≤5%			灼烧减量法
	6	辗迹重叠长度	mm	500～1 000		用钢尺量

2.1.2　地基工程质量控制要点

1. 素土、灰土地基

（1）在施工前，应检查素土、灰土土料、石灰或水泥等配合比及灰土的拌和均匀性。

（2）在施工中，应检查分层铺设的厚度、夯实时的加水量、夯压遍数及压实系数。

（3）当施工结束后，应进行地基承载力检验。地基承载力检验时，静载试验最大加载量不应小于设计要求的承载力特征值的 2 倍。素土和灰土地基的静载试验的压板面积不宜小于 1.0 m²。

（4）素土、灰土地基的承载力必须达到设计要求。地基承载力的检验数量每 300 m² 不应少于 1 点，超过 3 000 m² 部分每 500 m² 不应少于 1 点。每单位工程不应少于 3 点。

（5）素土、灰土地基的质量检验标准应符合表 2-9 的规定。

表 2-9　素土、灰土地基质量检验标准

项	序	检查项目	允许值或允许偏差		检查方法
			单位	数值	
主控项目	1	地基承载力	不小于设计值		静载试验
	2	配合比	设计值		检查拌和时的体积比
	3	压实系数	不小于设计值		环刀法
一般项目	1	石灰粒径	mm	≤5	筛析法
	2	土料有机质含量	%	≤5	灼烧减量法
	3	土颗粒粒径	mm	≤15	筛析法
	4	含水量	最优含水量±2%		烘干法
	5	分层厚度	mm	±50	水准测量

2. 砂和砂石地基

(1)在施工前，应检查砂、石等原材料质量和配合比及砂、石拌和的均匀性。

(2)在施工中，应检查分层厚度、分段施工时搭接部分的压实情况、加水量、压实遍数、压实系数。

(3)当施工结束后，应进行地基承载力检验。地基承载力检验时，静载试验最大加载量不应小于设计要求的承载力特征值的2倍。砂和砂石地基的静载试验的压板面积不宜小于1.0 m²。

(4)砂和砂石地基的承载力必须达到设计要求。地基承载力的检验数量每300 m²不应少于1点，超过3 000 m²部分每500 m²不应少于1点。每单位工程不应少于3点。

(5)砂和砂石地基的质量检验标准应符合表2-10的规定。

表 2-10　砂和砂石地基质量检验标准

项	序	检查项目	允许值或允许偏差		检查方法
			单位	数值	
主控项目	1	地基承载力	不小于设计值		静载试验
	2	配合比	设计值		检查拌和时的体积比或质量比
	3	压实系数	不小于设计值		灌砂法、灌水法
一般项目	1	砂石料有机质含量	%	≤5	灼烧减量法
	2	砂石料含泥量	%	≤5	水洗法
	3	砂石料粒径	mm	≤50	筛析法
	4	分层厚度	mm	±50	水准测量

3. 土工合成材料地基

(1)在施工前，应检查土工合成材料的单位面积质量、厚度、比例、强度、延伸率，以及土、砂石料质量等。土工合成材料以100 m²为一批，每批应抽查5%。

(2)在施工中，应检查基槽清底状况、回填料铺设厚度及平整度、土工合成材料的铺设方向、接缝搭接长度或缝接状况、土工合成材料与结构的连接状况等。

(3)当施工结束后，应进行地基承载力检验。地基承载力检验时，静载试验最大加载量不应小于设计要求的承载力特征值的2倍。土工合成材料地基的静载试验的压板面积不宜小于1.0 m²。

(4)土工合成材料地基的承载力必须达到设计要求。地基承载力的检验数量每300 m²不应少于1点，超过3 000 m²部分每500 m²不应少于1点。每单位工程不应少于3点。

(5)土工合成材料地基质量检验标准应符合表2-11的规定。

表 2-11　土工合成材料地基质量检验标准

项	序	检查项目	允许值或允许偏差		检查方法
			单位	数值	
主控项目	1	地基承载力	不小于设计值		静载试验
	2	土工合成材料强度	%	≥-5	拉伸试验(结果与设计值相比)
	3	土工合成材料延伸率	%	≥-3	拉伸试验(结果与设计值相比)

项	序	检查项目	允许值或允许偏差		检查方法
			单位	数值	
一般项目	1	土工合成材料搭接长度	mm	≥300	用钢尺量
	2	土石料有机质含量	%	≤5	灼烧减量法
	3	层面平整度	mm	±20	用2m靠尺
	4	分层厚度	mm	±25	水准测量

4. 强夯地基

(1)在施工前,应检查夯锤质量和尺寸、落距控制方法、排水设施及被夯地基的土质。

(2)在施工中,应检查夯锤落距、夯点位置、夯击范围、夯击击数、夯击遍数、每击夯沉量、最后两击的平均夯沉量、总夯沉量和夯点施工起止时间等。

(3)当施工结束后,应进行地基承载力、地基土的强度、变形指标及其他设计要求指标检验。

(4)强夯地基质量检验标准应符合表2-12的规定。

表 2-12　强夯地基质量检验标准

项	序	检查项目	允许值或允许偏差		检查方法
			单位	数值	
主控项目	1	地基承载力	不小于设计值		静载试验
	2	处理后地基土的强度	不小于设计值		原位测试
	3	变形指标	设计值		原位测试
一般项目	1	夯锤落距	mm	±300	钢索设标志
	2	夯锤质量	kg	±100	称重
	3	夯击遍数	不小于设计值		计数法
	4	夯击顺序	设计要求		检查施工记录
	5	夯击击数	不小于设计值		计数法
	6	夯点位置	mm	±500	用钢尺量
	7	夯击范围(超出基础范围距离)	设计要求		用钢尺量
	8	前后两遍间歇时间	设计值		检查施工记录
	9	最后两击平均夯沉量	设计值		水准测量
	10	场地平整度	mm	±100	水准测量

5. 砂石桩复合地基

(1)在施工前,应检查砂石料的含泥量及有机质含量等。振冲法施工前应检查振冲器的性能,应对电流表、电压表进行检定或校准。

(2)在施工中,应检查每根砂石桩的桩位、填料量、标高、垂直度等。振冲法施工中还应检查密实电流、供水压力、供水量、填料量、留振时间、振冲点位置、振冲器施工参数等。

(3)当施工结束后，应进行复合地基承载力、桩体密实度等检验。

(4)复合地基的承载力必须达到设计要求。复合地基承载力的检验数量不应少于总桩数的 0.5％，且不应少于 3 点。有单桩承载力或桩身强度检验要求时，检验数量不应少于总桩数的 0.5％，且不应少于 3 根。

(5)砂石桩复合地基质量检验标准应符合表 2-13 的规定。

表 2-13　砂石桩复合地基质量检验标准

项	序	检查项目	允许值或允许偏差		检查方法
			单位	数值	
主控项目	1	复合地基承载力	不小于设计值		静载试验
	2	桩体密实度	不小于设计值		重型动力触探
	3	填料量	％	≥−5	实际用料量与计算填料量体积比
	4	孔深	不小于设计值		测钻杆长度或用测绳
一般项目	1	填料的含泥量	％	＜5	水洗法
	2	填料的有机质含量	％	≤5	灼烧减量法
	3	填料粒径	设计要求		筛析法
	4	桩间土强度	不小于设计值		标准贯入试验
	5	桩位	mm	≤0.3D	用全站仪或钢尺量
	6	桩顶标高	不小于设计值		水准测量，将顶部预留的松散桩体挖除后测量
	7	密实电流	设计值		查看电流表
	8	留振时间	设计值		用表计时
	9	褥垫层夯填度	≤0.9		水准测量

注：1. 夯填度是指夯实后的褥垫层厚度与虚铺厚度的比值；
　　2. D 为设计桩径(mm)。

6. 水泥土搅拌桩复合地基

(1)在施工前，应检查水泥及外掺剂的质量、桩位、搅拌机工作性能，并应对各种计量设备进行检定或校准。

(2)在施工中，应检查机头提升速度、水泥浆或水泥注入量、搅拌桩的长度及标高。

(3)当施工结束后，应检验桩体的强度和直径，以及单桩与复合地基的承载力。

(4)复合地基的承载力必须达到设计要求。复合地基承载力的检验数量不应少于总桩数的 0.5％，且不应少于 3 点。有单桩承载力或桩身强度检验要求时，检验数量不应少于总桩数的 0.5％，且不应少于 3 根。

(5)水泥土搅拌桩地基质量检验标准应符合表 2-14 的规定。

表 2-14　水泥土搅拌桩地基质量检验标准

项	序	检查项目	允许值或允许偏差		检查方法
			单位	数值	
主控项目	1	复合地基承载力	不小于设计值		静载试验
	2	单桩承载力	不小于设计值		静载试验
	3	水泥用量	不小于设计值		查看流量表
	4	搅拌叶回转直径	mm	±20	用钢尺量
	5	桩长	不小于设计值		测钻杆长度
	6	桩身强度	不小于设计值		28 d 试块强度或钻芯法
一般项目	1	水胶比	设计值		实际用水量与水泥等胶凝材料的质量比
	2	提升速度	设计值		测机头上升距离及时间
	3	下沉速度	设计值		测机头下沉距离及时间
	4	桩位	条基边桩沿轴线	≤1/4D	用全站仪或钢尺量
			垂直轴线	≤1/6D	
			其他情况	≤2/5D	
	5	桩顶标高	mm	±200	水准测量，最上部 500 mm 浮浆层及劣质桩体不计入
	6	导向架垂直度	≤1/150		经纬仪测量
	7	褥垫层夯填度	≤0.9		水准测量

注：D 为设计桩径(mm)

2.1.3　基础工程质量控制要点

1. 无筋扩展基础

(1)在施工前，应对放线尺寸进行检验。

(2)在施工中，应对砌筑质量、砂浆强度、轴线及标高等进行检验。

(3)当施工结束后，应对混凝土强度、轴线位置、基础顶面标高等进行检验。

(4)无筋扩展基础质量检验标准应符合表 2-15 的规定。

表 2-15　无筋扩展基础质量检验标准

项	序	检查项目		允许偏差				检查方法
				单位	数值			
主控项目	1	轴线位置	砖基础	mm	≤10			经纬仪或用钢尺量
			毛石基础	mm	毛石砌体	料石砌体		
						毛料石	粗料石	
					≤20	≤20	≤15	
			混凝土基础	mm	≤15			
	2	混凝土强度		不小于设计值				28 d 试块强度
	3	砂浆强度		不小于设计值				28 d 试块强度

项	序	检查项目		允许偏差			检查方法
			单位	数值			
一般项目	1	L（或 B）≤30	mm	±5			用钢尺量
		30<L（或 B）≤60	mm	±10			
		60<L（或 B）≤90	mm	±15			
		L（或 B）>90	mm	±20			
	2	基础顶面标高	砖基础	mm	±15			水准测量
			毛石基础	mm	毛石砌体	料石砌体		
						毛料石	粗料石	
					±25	±25	±15	
			混凝土基础	mm	±15			
	3	毛石砌体厚度	mm	+30 0	+30 0	+15 0	用钢尺量

注：L 为长度（m）；B 为宽度（m）

2. 钢筋混凝土扩展基础

（1）施工前应对放线尺寸进行检验。

（2）施工中应对钢筋、模板、混凝土、轴线等进行检验。

（3）施工结束后，应对混凝土强度、轴线位置、基础顶面标高进行检验。

（4）钢筋混凝土扩展基础质量检验标准应符合表 2-16 的规定。

表 2-16　钢筋混凝土扩展基础质量检验标准

项	序	检查项目	允许偏差		检查方法
			单位	数值	
主控项目	1	混凝土强度	不小于设计值		28 d 试块强度
	2	轴线位置	mm	≤15	用经纬仪或钢尺量
一般项目	1	L（或 B）≤30	mm	±5	用钢尺量
		30<L（或 B）≤60	mm	±10	
		60<L（或 B）≤90	mm	±15	
	2	L（或 B）>90	mm	±20	
		基础顶面标高	mm	±15	水准测量

注：L 为长度（m）；B 为宽度（m）

3. 筏形基础与箱形基础

（1）在施工前，应对放线尺寸进行检验。

（2）在施工中，应对轴线、预埋件、预留洞中心线位置、钢筋位置及钢筋保护层厚度进行检验。

（3）当施工结束后，应对筏形基础和箱形基础的混凝土强度、轴线位置、基础顶面标高及平整度进行验收。

（4）大体积混凝土施工过程中应检查混凝土的坍落度、配合比、浇筑的分层厚度、坡度及测温点的设置，上下两层的浇筑搭接时间不应超过混凝土的初凝时间。养护时混凝土结构构件表面以内 50～100 mm 位置处的温度与混凝土结构构件内部的温度差值不宜大于 25 ℃，且与混凝土结构构件表面温度的差值不宜大于 25 ℃。

（5）筏形和箱形基础质量检验标准应符合表 2-17 的规定。

表 2-17　筏形和箱形基础质量检验标准

项	序	检查项目	允许偏差		检查方法
			单位	数值	
主控项目	1	混凝土强度	不小于设计值		28 d 试块强度
	2	轴线位置	mm	≤15	用经纬仪或钢尺量
一般项目	1	基础顶面标高	mm	±15	水准测量
	2	平整度	mm	±10	用 2 m 靠尺
	3	尺寸	mm	＋15 －10	用钢尺量
	4	预埋件中心位置	mm	≤10	用钢尺量
	5	预留洞中心线位置	mm	≤15	用钢尺量

4. 钢筋混凝土预制桩

（1）在施工前，应检验成品桩构造尺寸及外观质量。

（2）在施工中，应检验接桩质量、锤击及静压的技术指标、垂直度与桩顶标高等。

（3）当施工结束后，应对承载力及桩身完整性等进行检验。

（4）预制桩（钢桩）的桩位偏差应符合表 2-18 的规定。斜桩倾斜度的偏差应为倾斜角正切值的 15%。

表 2-18　预制桩（钢桩）的桩位允许偏差

序		检查项目	允许偏差/mm
1	带有基础梁的桩	垂直基础梁的中心线	≤100＋0.01H
		沿基础梁的中心线	≤150＋0.01H
2	承台桩	桩数为 1～3 根桩基中的桩	≤100＋0.01H
		桩数大于或等于 4 根桩基中的桩	≤1/2 桩径＋0.01H 或 1/2 边长＋0.01H

注：H 为桩基施工面至设计桩顶的距离（mm）

（5）钢筋混凝土预制桩质量检验标准应符合表 2-19 和表 2-20 的规定。

表 2-19　锤击预制桩质量检验标准

项	序	检查项目	允许值或允许偏差		检查方法
			单位	数值	
主控项目	1	承载力	不小于设计值		静载试验、高应变法等
	2	桩身完整性	—		低应变法
一般项目	1	成品桩质量	表面平整，颜色均匀，掉角深度小于 10 mm，蜂窝面积小于总面积的 0.5%		查产品合格证
	2	桩位	表 2-18		用全站仪或钢尺量
	3	电焊条质量	设计要求		查产品合格证
	4	接桩：焊缝质量	表 2-23		表 2-23
		电焊结束后停歇时间	min	≥8(3)	用表计时
		上下节平面偏差	mm	≤10	用钢尺量
		节点弯曲矢高	同桩体弯曲要求		用钢尺量
	5	收锤标准	设计要求		用钢尺量或查沉桩记录
	6	桩顶标高	mm	±50	水准测量
	7	垂直度	≤1/100		经纬仪测量

注：括号中为采用二氧化碳气体保护焊时的数值

表 2-20　静压预制桩质量检验标准

项	序	检查项目	允许值或允许偏差		检查方法
			单位	数值	
主控项目	1	承载力	不小于设计值		静载试验、高应变法等
	2	桩身完整性	—		低应变法
一般项目	1	成品桩质量	表 2-19		查产品合格证
	2	桩位	表 2-18		用全站仪或钢尺量
	3	电焊条质量	设计要求		查产品合格证
	4	接桩：焊缝质量	表 2-23		表 2-23
		电焊结束后停歇时间	min	≥6(3)	用表计时
		上下节平面偏差	mm	≤10	用钢尺量
		节点弯曲矢高	同桩体弯曲要求		用钢尺量
	5	终压标准	设计要求		现场实测或查沉桩记录
	6	桩顶标高	mm	±50	水准测量
	7	垂直度	≤1/100		经纬仪测量
	8	混凝土灌芯	设计要求		查灌注量

注：电焊结束后停歇时间项括号中为采用二氧化碳气体保护焊时的数值

5. 泥浆护壁成孔灌注桩

（1）在施工前，应检验灌注桩的原材料及桩位处的地下障碍物处理资料。

（2）在施工中，应对成孔、钢筋笼制作与安装、水下混凝土灌注等各项质量指标进行检查验收；嵌岩桩应对桩端的岩性和入岩深度进行检验。

（3）当施工结束后，应对桩身完整性、混凝土强度及承载力进行检验。

（4）灌注桩混凝土强度检验的试件应在施工现场随机抽取。来自同一搅拌站的混凝土，每浇筑 50 m² 必须至少留置 1 组试件；当混凝土浇筑量不足 50 m² 时，每连续浇筑 12 h 必须至少留置 1 组试件。对单柱单桩，每根桩应至少留置 1 组试件。

（5）泥浆护壁成孔灌注桩的桩径、垂直度及桩位允许偏差应符合表 2-21 的规定。

表 2-21　泥浆护壁成孔灌注桩的桩径、垂直度及桩位允许偏差

桩径	桩径允许偏差/mm	垂直度允许偏差	桩位允许偏差/mm
$D<1\ 000$ mm	≥0	≤1/100	≤70+0.01H
$D≥1\ 000$ mm			≤100+0.01H

（6）泥浆护壁成孔灌注桩质量检验标准应符合表 2-22 的规定。

表 2-22　泥浆护壁成孔灌注桩质量检验标准

项目	序	检查项目		允许值或允许偏差		检查方法
				单位	数值	
主控项目	1	承载力		不小于设计值		静载试验
	2	孔深		不小于设计值		用测绳或井径仪测量
	3	桩身完整性		—		钻芯法、低应变法、声波透射法
	4	混凝土强度		不小于设计值		28 d 试块强度或钻芯法
	5	嵌岩深度		不小于设计值		取岩样或超前钻孔取样
一般项目	1	垂直度		《建筑地基基础工程施工质量验收标准》(GB 50202—2018)中的表 5.1.4		用超声波或井径仪测量
	2	孔径		《建筑地基基础工程施工质量验收标准》(GB 50202—2018)中的表 5.1.4		用超声波或井径仪测量
	3	桩位		《建筑地基基础工程施工质量验收标准》(GB 50202—2018)中的表 5.1.4		全站仪或用钢尺量开挖前量护筒，开挖后量桩中心
	4	泥浆指标	比例（黏土或砂性土中）		1.10～1.25	用比例计测，清孔后在距孔底 500 mm 处取样
			含砂率	%	≤8	洗砂瓶
			黏度	s	18～28	黏度计
	5	泥浆面标高（高于地下水的水位）		m	0.5～1.0	目测法
	6	钢筋笼质量	主筋间距	mm	±10	用钢尺量
			长度	mm	±100	用钢尺量
			钢筋材质检验	设计要求		抽样送检
			箍筋间距	mm	±20	用钢尺量
			笼直径	mm	±10	用钢尺量

项	序	检查项目		允许值或允许偏差		检查方法
				单位	数值	
一般项目	7	沉渣厚度	端承桩	mm	≤50	用沉渣仪或重锤测
			摩擦桩	mm	≤150	
	8	混凝土坍落度		mm	180～220	坍落度仪
	9	钢筋笼安装深度		mm	+100 0	用钢尺量
	10	混凝土充盈系数			≥1.0	实际灌注量与计算灌注量的比
	11	桩顶标高		mm	+30 −50	水准测量，需扣除桩顶浮浆层及劣质桩体
	12	后注浆	注浆终止条件		注浆量不小于设计要求	查看流量表
					注浆量不小于设计要求80%，且注浆压力达到设计值	查看流量表，检查压力表读数
			水胶比		设计值	实际用水量与水泥等胶凝材料的质量比
	13	扩底桩	扩底直径		不小于设计值	井径仪测量
			扩底高度		不小于设计值	

6. 钢桩

(1)在施工前，应对桩位、成品桩的外观质量进行检验。

(2)在施工中，应进行下列检验：

1)打入(静压)深度、收锤标准、终压标准及桩身(架)垂直度检查。

2)接桩质量、接桩间歇时间及桩顶完整状况；电焊质量除应进行常规检查外，还应做10%的焊缝探伤检查。

3)每层土每米进尺锤击数、最后1.0 m进尺锤击数、总锤击数、最后三阵贯入度、桩顶标高、桩尖标高等。

(3)当施工结束后，应进行承载力检验。

(4)钢桩施工质量检验标准应符合表2-23的规定。

表2-23 钢桩施工质量检验标准

项	序	检查项目		允许值或允许偏差		检查方法
				单位	数值	
主控项目	1	承载力			不小于设计值	静载试验、高应变法等
	2	钢桩外径或断面尺寸	桩端	mm	≤0.5%D	用钢尺量
			桩身	mm	≤0.1%D	
	3	桩长			不小于设计值	用钢尺量
	4	矢高		mm	≤1‰l	用钢尺量
一般项目	1	桩位			表2-18	用全站仪或钢尺量
	2	垂直度			≤1/100	经纬仪测量
	3	端部平整度		mm	≤2(H型桩≤1)	用水平尺量

项	序	检查项目	允许值或允许偏差		检查方法
			单位	数值	
一般项目	4	H 钢桩的方正度 	mm	$h \geqslant 300$: $T + T' \leqslant 8$ $h < 300$: $T + T' \leqslant 6$	用钢尺量
	5	端部平面与桩身中心线的倾斜值	mm	$\leqslant 2$	用水平尺量
	6	上下节桩错口			
		钢管桩外径≥700 mm	mm	$\leqslant 3$	用钢尺量
		钢管桩外径<700 mm	mm	$\leqslant 2$	用钢尺量
		H 型钢桩	mm	$\leqslant 1$	用钢尺量
	7	焊缝			
		咬边深度	mm	$\leqslant 0.5$	焊缝检查仪
		加强层高度	mm	$\leqslant 2$	焊缝检查仪
		加强层宽度	mm	$\leqslant 3$	焊缝检查仪
	8	焊缝电焊质量外观	无气孔，无焊瘤，无裂缝		目测法
	9	焊缝探伤检验	设计要求		超声波或射线探伤
	10	焊接结束后停歇时间	min	$\geqslant 1$	用表计时
	11	节点弯曲矢高	mm	$< 1\text{‰}l$	用钢尺量
	12	桩顶标高	mm	± 50	水准测量
	13	收锤标准	设计要求		用钢尺量或查沉桩记录

注：l 为两节桩长（mm），D 为外径或边长（mm）

2.1.4 地下水控制质量控制要点

1. 一般规定

（1）在降排水运行前，应检验工程场区的排水系统。排水系统最大排水能力不应小于工程所需最大排量的 1.2 倍。

（2）在基坑工程开挖前，应验收预降排水时间。预降排水时间应根据基坑面积、开挖深度、工程地质与水文地质条件及降排水工艺综合确定。减压预降水时间应根据设计要求或减压降水验证试验结果确定。

（3）在降排水运行过程中，应检验基坑降排水效果是否满足设计要求。分层、分块开挖的基坑，开挖前潜水水位应控制在土层开挖面以下 0.5～1.0 m；承压含水层水位应控制在安全水位埋深以下。在进行岩质基坑开挖施工前，应将地下水的水位控制在边坡坡脚或坑中的软弱结构面以下。

（4）对于设有截水帷幕的基坑工程，宜通过预降水过程中坑内外水位变化情况检验帷幕止水效果。

2. 降排水

（1）采用集水明排的基坑，应检验排水沟、集水井的尺寸。排水时集水井内水位应低于设计要求水位不小于 0.5 m。

（2）在进行降水井施工前，应检验进场材料的质量。降水施工材料质量检验标准应符合表 2-24 的规定。

表 2-24　降水施工材料质量检验标准

项	序	检查项目	允许值或允许偏差		检查方法
			单位	数值	
主控项目	1	井、滤管材质	设计要求		查产品合格证书或按设计要求参数现场检测
	2	滤管孔隙率	设计值		测算单位长度滤管孔隙面积或与等长标准滤管渗透对比法
	3	滤料粒径	$(6\sim12)d_{50}$		筛析法
	4	滤料不均匀系数	≤3		筛析法
一般项目	1	沉淀管长度	mm	+50 0	用钢尺量
	2	封孔回填土质量	设计要求		现场搓条法检验土性
	3	挡砂网	设计要求		查产品合格证书或现场量测目数
注：d_{50} 为土颗粒的平均粒径					

（3）在降水井正式施工时，应进行试成井。试成井数量不应少于 2 口（组），并应根据试成井检验成孔工艺、泥浆配合比，复核地层情况等。

（4）在降水井施工中，应检验成孔垂直度。降水井的成孔垂直度偏差为 1/100，井管应居中竖直沉设。

（5）在降水井施工完成后，应进行试抽水，检验成井质量和降水效果。

（6）降水运行应独立配电。降水运行前，应检验现场用电系统。连续降水的工程项目，还应检验双路以上独立供电电源或备用发电机的配置情况。

（7）在降水运行过程中，应监测和记录降水场区内和周边的地下水水位。采用悬挂式帷幕基坑降水的，还应计量和记录降水井抽水量。

（8）当降水运行结束后，应检验降水井封闭的有效性。

（9）塑料管井、混凝土管井、钢筋笼滤网井封井时，应检验管内止水材料回填的密实度和止水效果。另外，在穿越基坑底板时，还应按设计要求检验其穿越基坑底板构造的防水效果。

（10）轻型井点施工质量检验标准应符合表 2-25 的规定。

表 2-25　轻型井点施工质量检验标准

项	序	检查项目	允许值或允许偏差		检查方法
			单位	数值	
主控项目	1	出水量	不小于设计值		查看流量表

项	序	检查项目	允许值或允许偏差		检查方法
			单位	数值	
一般项目	1	成孔孔径	mm	±20	用钢尺量
	2	成孔深度	mm	+1 000 −200	测绳测量
	3	滤料回填量	不小于设计计算体积的95%		测算滤料用量且测绳测量回填高度
	4	黏土封孔高度	mm	≥1 000	用钢尺量
	5	井点管间距	m	0.8～1.6	用钢尺量

(11)管井施工质量检验标准应符合表2-26的规定。

表 2-26　管井施工质量检验标准

项	序	检查项目		允许值或允许偏差		检查方法
				单位	数值	
主控项目	1	泥浆比重		1.05～1.10		比例计
	2	滤料回填高度		+10% 0		现场搓条法检验土性、测算封填黏土体积、孔口浸水检验密封性
	3	封孔		设计要求		现场检验
	4	出水量		不小于设计值		查看流量表
一般项目	1	成孔孔径		mm	±50	用钢尺量
	2	成孔深度		mm	±20	测绳测量
	3	扶中器		设计要求		测量扶中器高度或厚度、间距并检查数量
	4	活塞洗井	次数	次	≥20	检查施工记录
			时间	h	≥2	检查施工记录
	5	沉淀物高度		≤5%井深		测锤测量
	6	含砂量(体积比)		≤1/20 000		现场目测或用含砂量计测量

3. 回灌

(1)在回灌管井施工前,应检验进场材料质量。

(2)在回灌管井正式施工时,应进行试成孔。试成孔数量不应少于2个,根据试成孔检验成孔工艺、泥浆配合比,复核地层情况等。

(3)在回灌管井施工中,应检验成孔垂直度。成孔垂直度允许偏差为1/100,井管应居中竖直沉设。

(4)回灌管井施工完成后的休止期不应少于 14 d，休止期结束后应进行试回灌，检验成井质量和回灌效果。

(5)在回灌运行前，应检验回灌管路的安装质量和密封性。回灌管路上应装有流量计和流量控制阀。

(6)当回灌运行及回扬时，应计量和记录回灌量、回扬量，并应监测地下水水位和周边环境变形。

(7)当回灌管井封闭时，应检验封井材料的无公害性，还要检验封井效果。

技能测试

1. 填空题

(1)土石方开挖的顺序、方法必须与设计工况和_____相一致，并应遵循_____的原则。

(2)素土和灰土地基的静载试验的压板面积不宜小于_____ m²。

(3)复合地基承载力的检验数量不应少于总桩数的_____，且不应少于_____点。有单桩承载力或桩身强度检验要求时，检验数量不应少于总桩数的_____，且不应少于_____根。

(4)养护时混凝土结构构件表面以内 50～100 mm 位置处的温度与混凝土结构构件内部的温度差值不宜大于_____℃，且与混凝土结构构件表面温度的差值不宜大于_____℃。

(5)钢桩施工前应对_____、_____进行检验。

2. 选择题

(1)土方开挖工程质量检验时，标高的检验工具是（　　）。

　　A. 经纬仪　　　　B. 坡度尺　　　　C. 水准仪　　　　D. 直尺

(2)采用机械进行场地平整填方，其表面平整度要求为（　　）mm。

　　A. ±10　　　　B. ±20　　　　C. ±30　　　　D. ±40

(3)钢筋混凝土扩展基础轴线位置的允许偏差应（　　）mm。

　　A. ≤10　　　　B. ≤15　　　　C. ≤20　　　　D. ≤25

(4)降水井正式施工时应进行试成井，试成井数量不应少于（　　）口（组）。

　　A. 1　　　　B. 2　　　　C. 3　　　　D. 4

任务工单

1. 任务背景

建筑工法楼局部采用柱下独立基础及条形基础。

2. 任务及要求

(1)根据工法楼基础施工图，通过现场实测实量，对独立基础及条形基础的几何尺寸、轴线位置及顶面标高进行检查。

(2)按照实测数据填写《钢筋混凝土扩展基础检验批质量验收记录表》。

3. 任务成果

填写完整的《钢筋混凝土扩展基础检验批质量验收记录》，见表 2-27。

表 2-27 钢筋混凝土扩展基础检验批质量验收记录

单位(子单位)工程名称			分部(子分部)工程名称			分项工程名称		
施工单位			项目负责人			检验批容量		
分包单位			分包单位项目负责人			检验批部位		
施工依据					验收依据			

验收项目			设计要求及规范规定	最小/实际抽样数量	检查记录	检查结果
主控项目	1	混凝土强度	不小于设计值			
	2	轴线位置	≤15(mm)			
一般项目	1	L(或 B)≤30(m)	±5(mm)			
		30<L(或 B)≤60(m)	±10(mm)			
	2	60<L(或 B)≤90(m)	±15(mm)			
		L(或 B)>90(m)	±20(mm)			
		基础顶面标高	±15(mm)			

施工单位检查结果	专业工长: 项目专业质量检查员: 年　月　日
监理单位验收结论	专业监理工程师: 年　月　日

▶▶▶ 2.2　主体工程施工质量控制

📋 课前认知

建筑主体工程是指位于地基基础之上，接受、承担和传递房屋建筑所有上部荷载，维持结构整体性、稳定性和安全性的承重结构体系。主体结构的质量直接影响建筑的安全及使用功能。

📋 理论学习

2.2.1　混凝土工程质量控制要点

1. 模板分项工程

(1)一般规定。

1)模板工程应编制施工方案。爬升式模板工程、工具式模板工程及高大模板支架工程的施工方案，应按有关规定进行技术论证。

2）模板及支架应根据安装、使用和拆除工况进行设计，并应满足承载力、刚度和整体稳固性要求。

3）模板及支架的拆除应符合《混凝土结构工程施工规范》(GB 50666—2011)中的规定并按照施工方案的要求进行。

（2）模板安装。

1）主控项目。

①模板及支架用材料的技术指标应符合现行国家有关标准的规定。进场时应抽样检验模板和支架材料的外观、规格和尺寸。

检查数量：按现行国家相关标准的规定确定。

检验方法：检查质量证明文件；观察，尺量。

②现浇混凝土结构模板及支架的安装质量，应符合现行国家有关标准的规定和施工方案的要求。

检查数量：按现行国家相关标准的规定确定。

检验方法：按现行国家相关标准的规定执行。

③后浇带处的模板及支架应独立设置。

检查数量：全数检查。

检验方法：观察。

④支架竖杆和竖向模板安装在土层上时，应符合下列规定：

a. 土层应坚实、平整，其承载力或密实度应符合施工方案的要求。

b. 应有防水、排水措施；对冻胀性土，应有预防冻融措施。

c. 支架竖杆下应有底座或垫板。

检查数量：全数检查。

检验方法：观察；检查土层密实度检测报告、土层承载力验算或现场检测报告。

2）一般项目。

①模板安装质量应符合下列规定：

a. 模板的接缝应严密。

b. 模板内不应有杂物、积水或冰雪等。

c. 模板与混凝土的接触面应平整、清洁。

d. 用作模板的地坪、胎膜等应平整、清洁，不应有影响构件质量的下沉、裂缝、起砂或起鼓。

e. 对清水混凝土及装饰混凝土构件，应使用能达到设计效果的模板。

检查数量：全数检查。

检验方法：观察。

②隔离剂的品种和涂刷方法应符合施工方案的要求。隔离剂不得影响结构性能及装饰施工；不得沾污钢筋、预应力筋、预埋件和混凝土接槎处；不得对环境造成污染。

检查数量：全数检查。

检验方法：检查质量证明文件；观察。

③模板的起拱应符合现行国家标准《混凝土结构工程施工规范》(GB 50666—2011)的规定，并应符合设计及施工方案的要求。

检查数量：在同一检验批内，对于梁，跨度大于 18 m 时应全数检查，跨度不大于 18 m 时应抽查构件数量的 10％，且不应少于 3 件；对于板，应按有代表性的自然间抽查 10％，且不应少于3间；对大空间结构，板可按纵、横轴线划分检查面，抽查10％，且不应少于3面。

检验方法：水准仪或尺量。

④现浇混凝土结构多层连续支模应符合施工方案的规定。上下层模板支架的竖杆宜对准。竖杆下垫板的设置应符合施工方案的要求。

检查数量：全数检查。

检验方法：观察。

⑤固定在模板上的预埋件和预留孔洞不得遗漏，且应安装牢固。有抗渗要求的混凝土结构中的预埋件，应按设计及施工方案的要求采取防渗措施。

预埋件和预留孔洞的位置应满足设计和施工方案的要求。当设计无具体要求时，其位置偏差应符合表2-28的规定。

检查数量：在同一检验批内，对梁、柱和独立基础，应抽查构件数量的10％，且不应少于3件；对墙和板，应按有代表性的自然间抽查10％，且不应少于3间；对大空间结构墙可按相邻轴线间高度5 m左右划分检查面，板可按纵、横轴线划分检查面，抽查10％，且均不应少于3面。

检验方法：观察，尺量。

表2-28　预埋件和预留孔洞的安装允许偏差

项目		允许偏差/mm
预埋板中心线位置		3
预埋管、预留孔中心线位置		3
插筋	中心线位置	5
	外露长度	+10，0
预埋螺栓	中心线位置	2
	外露长度	+10，0
预留洞	中心线位置	10
	尺寸	+10，0
注：检查中心线位置时，沿纵、横两个方向量测，并取其中偏差的较大值		

⑥现浇结构模板安装的允许偏差及检验方法应符合表2-29的规定。

检查数量：在同一检验批内，对梁、柱和独立基础，应抽查构件数量的10％，且不应少于3件；对墙和板，应按有代表性的自然间抽查10％，且不应少于3间；对大空间结构，墙可按相邻轴线间高度5 m左右划分检查面，板可按纵、横轴线划分检查面，抽查10％，且均不应少于3面。

表2-29　现浇结构模板安装的允许偏差及检验方法

项目		允许偏差/mm	检验方法
轴线位置		5	尺量
底模上表面标高		±5	水准仪或拉线、尺量
模板内部尺寸	基础	±10	尺量
	柱、墙、梁	±5	尺量
	楼梯相邻踏步高差	5	尺量

项目		允许偏差/mm	检验方法
柱、墙垂直度	层高≤6m	8	经纬仪或吊线、尺量
	层高>6m	10	经纬仪或吊线、尺量
相邻模板表面高差		2	尺量
表面平整度		5	2 m靠尺和塞尺量测

注：检查轴线位置，当有纵横两个方向时，沿纵、横两个方向量测，并取其中偏差的较大值

⑦预制构件模板安装的允许偏差及检验方法应符合表2-30的规定。

表2-30　预制构件模板安装的允许偏差及检验方法

项目		允许偏差/mm	检验方法
长度	梁、板	±4	尺量两侧边，取其中的较大值
	薄腹梁、桁架	±8	
	柱	0，—10	
	墙板	0，—5	
宽度	板、墙板	0，—5	尺量两端及中部，取其中的较大值
	薄腹梁、桁架	+2，—5	
高（厚）度	板	+2，—3	尺量两端及中部，取其中的较大值
	墙板	0，—5	
	梁、薄腹梁、桁架、柱	+2，—5	
侧向弯曲	梁、板、柱	$L/1\,000$ 且≤15	拉线、尺量最大弯曲处
	墙板、薄腹梁、桁架	$L/1\,500$ 且≤15	
板的表面平整度		3	2 m靠尺和塞尺量测
相邻模板表面高低差		1	尺量
对角线差	板	7	尺量两对角线
	墙板	5	
翘曲	板、墙板	$L/1\,500$	水平尺在两端量测
设计起拱	薄腹梁、桁架、梁	±3	拉线、尺量跨中

注：L 为构件长度（mm）

检查数量：对于首次使用及大修后的模板，应全数检查；使用中的模板应抽查10%，且不应少于5件，不足5件时应全数检查。

2. 钢筋分项工程

(1)一般规定。

1)浇筑混凝土之前，应进行钢筋隐蔽工程验收。隐蔽工程验收应包括下列主要内容。

①纵向受力钢筋的牌号、规格、数量、位置。

②钢筋的连接方式、接头位置、接头质量、接头面积百分率、搭接长度、锚固方式及锚固长度。

③箍筋、横向钢筋的牌号、规格、数量、间距、位置、箍筋弯钩弯折角度及平直段长度。

④预埋件的规格、数量和位置。

2)钢筋、成型钢筋进场检验,当满足下列条件之一时,其检验批容量可扩大一倍:

①获得认证的钢筋、成型钢筋。

②同一厂家、同一牌号、同一规格的钢筋,连续三批均一次检验合格。

③同一厂家、同一类型、同一钢筋来源的成型钢筋,连续三批均一次检验合格。

(2)材料。

1)主控项目。

①钢筋进场时,应按现行国家标准抽取试件做屈服强度、抗拉强度、伸长率、弯曲性能和重量偏差检验,检验结果应符合相关标准的规定。

检查数量:按进场批次和产品的抽样检验方案确定。

检验方法:检查质量证明文件和抽样检验报告。

②成型钢筋进场时,应抽取试件做屈服强度、抗拉强度、伸长率和质量偏差检验,检验结果应符合现行国家相关标准的规定。对由热轧钢筋制成的成型钢筋,当有施工单位或监理单位的代表驻厂监督生产过程,并提供原材钢筋力学性能第三方检验报告时,可仅进行质量偏差检验。

检查数量:同一厂家、同一类型、同一钢筋来源的成型钢筋,不超过30 t为一批,每批中每种钢筋牌号、规格均应至少抽取1个钢筋试件,总数不应少于3个。

检验方法:检查质量证明文件和抽样检验报告。

③对按一、二、三级抗震等级设计的框架和斜撑构件(含梯段)中的纵向受力普通钢筋应采用HRB400E、HRB500E、HRBF400E或HRBF500E级钢筋。其强度和最大力下总伸长率的实测值应符合下列规定:

a. 抗拉强度实测值与屈服强度实测值的比值不应小于1.25。

b. 屈服强度实测值与屈服强度标准值的比值不应大于1.30。

c. 最大力下总伸长率不应小于9%。

检查数量:按进场的批次和产品的抽样检验方案确定。

检验方法:检查抽样检验报告。

2)一般项目。

①钢筋应平直、无损伤,表面不得有裂纹、油污、颗粒状或片状老锈。

检查数量:全数检查。

检验方法:观察。

②成型钢筋的外观质量和尺寸偏差应符合现行国家相关标准的规定。

检查数量:同一厂家、同一类型的成型钢筋,不超过30 t为一批,每批随机抽取3个成型钢筋。

检验方法:观察,尺量。

③钢筋机械连接套筒、钢筋锚固板及预埋件等的外观质量应符合现行国家相关标准的规定。

检查数量:按现行国家相关标准的规定确定。

检验方法:检查产品质量证明文件;观察,尺量。

(3)钢筋连接。

1)主控项目。

①钢筋的连接方式应符合设计要求。

检查数量:全数检查。

检验方法：观察。

②钢筋采用机械连接或焊接连接时，钢筋机械连接接头、焊接接头的力学性能、弯曲性能应符合现行国家相关标准的规定。接头试件应从工程实体中截取。

检查数量：按现行行业标准《钢筋机械连接技术规程》(JGJ 107—2016)和《钢筋焊接及验收规程》(JGJ 18—2012)的规定确定。

检验方法：检查质量证明文件和抽样检验报告。

③钢筋采用机械连接时，螺纹接头应检验拧紧扭矩值，挤压接头应量测压痕直径，检验结果应符合现行行业标准《钢筋机械连接技术规程》(JGJ 107—2016)的相关规定。

检查数量：按现行行业标准《钢筋机械连接技术规程》(JGJ 107—2016)的规定确定。

检验方法：采用专用扭力扳手或专用量规检查。

2)一般项目。

①钢筋接头的位置应符合设计和施工方案要求。在有抗震设防要求的结构中，梁端、柱端箍筋加密区范围内不应进行钢筋搭接。接头末端至钢筋弯起点的距离不应小于钢筋直径的10倍。

检查数量：全数检查。

检验方法：观察，尺量。

②钢筋机械连接接头、焊接接头的外观质量应符合现行行业标准《钢筋机械连接技术规程》(JGJ 107—2016)和《钢筋焊接及验收规程》(JGJ 18—2012)的规定。

检查数量：按现行行业标准《钢筋机械连接技术规程》(JGJ 107—2016)和《钢筋焊接及验收规程》(JGJ 18—2012)的规定确定。

检验方法：观察，尺量。

③当纵向受力钢筋采用机械连接接头或焊接接头时，同一连接区段内纵向受力钢筋的接头面积百分率应符合设计要求；当设计无具体要求时，应符合下列规定：

a. 受拉接头，不宜大于50%；受压接头，可不受限制。

b. 直接承受动力荷载的结构构件中，不宜采用焊接；当采用机械连接时，不应超过50%。

检查数量：在同一检验批内，对梁、柱和独立基础，应抽查构件数量的10%，且不应少于3件；对墙和板，应按有代表性的自然间抽查10%，且不应少于3间；对大空间结构，墙可按相邻轴线间高度5 m左右划分检查面，板可按纵横轴线划分检查面，抽查10%，且均不应少于3面。

检验方法：观察，尺量。

④当纵向受力钢筋采用绑扎搭接接头时，接头的设置应符合下列规定。

a. 接头的横向净间距不应小于钢筋直径，且不应小于25 mm。

b. 同一连接区段内，纵向受拉钢筋的接头面积百分率应符合设计要求。当设计无具体要求时，应符合下列规定：

a)梁类、板类及墙类构件，不宜超过25%；基础筏板，不宜超过50%。

b)柱类构件，不宜超过50%。

c)当工程中确有必要增大接头面积百分率时，对梁类构件，不应大于50%。

检查数量：在同一检验批内，对梁、柱和独立基础，应抽查构件数量的10%，且不应少于3件；对墙和板，应按有代表性的自然间抽查10%，且不应少于3间；对大空间结构，墙可按相邻轴线间高度5 m左右划分检查面，板可按纵横轴线划分检查面，抽查10%，且均不应少于3面。

检验方法：观察，尺量。

⑤梁、柱类构件的纵向受力钢筋搭接长度范围内箍筋的设置应符合设计要求；当设计无具体要求时，应符合下列规定：

　　a.箍筋直径不应小于搭接钢筋较大直径的1/4。

　　b.受拉搭接区段的箍筋间距不应大于搭接钢筋较小直径的5倍，且不应大于100 mm。

　　c.受压搭接区段的箍筋间距不应大于搭接钢筋较小直径的10倍，且不应大于200 mm。

　　d.当柱中纵向受力钢筋直径大于25 mm时，应在搭接接头两个端面外100 mm范围内各设置两个箍筋，其间距宜为50 mm。

检查数量：在同一检验批内，应抽查构件数量的10%，且不应少于3件。

检验方法：观察，尺量。

（4）钢筋安装。

1）主控项目。

①钢筋安装时，受力钢筋的牌号、规格和数量必须符合设计要求。

检查数量：全数检查。

检验方法：观察，尺量。

②钢筋应安装牢固。受力钢筋的安装位置、锚固方式应符合设计要求。

检查数量：全数检查。

检验方法：观察，尺量。

2）一般项目。

钢筋安装允许偏差及检验方法应符合表2-31的规定。

表 2-31　钢筋安装允许偏差及检验方法

项目		允许偏差/mm	检验方法
绑扎钢筋网	长、宽	±10	尺量
	网眼尺寸	±20	尺量连续三挡，取最大偏差值
绑扎钢筋骨架	长	±10	尺量
	宽、高	±5	尺量
纵向受力钢筋	锚固长度	−20	尺量
	间距	±10	尺量两端、中间各一点，取最大偏差值
	排距	±5	
纵向受力钢筋、箍筋的混凝土保护层厚度	基础	±10	尺量
	柱、梁	±5	尺量
	板、墙、壳	±3	尺量
绑扎钢筋、横向钢筋间距		±20	尺量连续三挡，取最大偏差值
钢筋弯起点位置		20	尺量
预埋件	中心线位置	5	尺量
	水平高差	+3，0	塞尺量测

受力钢筋保护层厚度的合格点率应达到90%及以上，且不得有超过表中数值1.5倍的尺

寸偏差。

检查数量：在同一检验批内，对梁、柱和独立基础，应抽查构件数量的10%，且不应少于3件；对墙和板，应按有代表性的自然间抽查10%，且不应少于3间；对大空间结构，墙可按相邻轴线间高度5 m左右划分检查面，板可按纵、横轴线划分检查面，抽查10%，且均不应少于3面。

3. 混凝土分项工程

(1)一般规定。

1)混凝土强度应按《混凝土强度检验评定标准》(GB/T 50107—2010)的规定分批检验评定。划入同一检验批的混凝土，其施工持续时间不宜超过3个月。

检验评定混凝土强度时，应采用28 d或设计规定龄期的标准养护试件。

试件成型方法及标准养护条件应符合《混凝土物理力学性能试验方法标准》(GB/T 50081—2019)的规定。采用蒸汽养护的构件，其试件应先随构件同条件养护，然后再置入标准养护条件下继续养护至28 d或设计规定龄期。

2)当采用非标准尺寸试件时，应将其抗压强度乘以尺寸折算系数，折算成边长为150 mm的标准尺寸试件抗压强度。尺寸折算系数应按《混凝土强度检验评定标准》(GB/T 50107—2010)采用。

3)当混凝土试件强度评定不合格时，应委托具有资质的检测机构按国家现行有关标准的规定对结构构件中的混凝土强度进行检测推定，并应按《混凝土结构工程施工质量验收规范》(GB 50204—2015)的规定进行处理。

4)混凝土有耐久性指标要求时，应按现行行业标准《混凝土耐久性检验评定标准》(JGJ/T 193—2009)的规定检验评定。

5)大批量、连续生产的同一配合比混凝土，混凝土生产单位应提供基本性能试验报告。

6)预拌混凝土的原材料质量、制备等应符合现行国家标准《预拌混凝土》(GB/T 14902—2012)的规定。

7)水泥、外加剂进场检验，当满足下列条件之一时，其检验批容量可扩大一倍：

①获得认证的产品。

②同一厂家、同一品种、同一规格的产品，连续三次进场检验均一次检验合格。

(2)原材料。

1)主控项目。

①水泥进场时，应对其品种、代号、强度等级、包装或散装仓号、出厂日期等进行检查，并应对水泥的强度、安定性和凝结时间进行检验，检验结果应符合《通用硅酸盐水泥》(GB 175—2023)的相关规定。

检查数量：按同一厂家、同一品种、同一代号、同一强度等级、同一批号且连续进场的水泥，袋装不超过200 t为一批，散装不超过500 t为一批，每批抽样数量不应少于一次。

检验方法：检查质量证明文件和抽样检验报告。

②混凝土外加剂进场时，应对其品种、性能、出厂日期等进行检查，并应对外加剂的相关性能指标进行检验，检验结果应符合《混凝土外加剂》(GB 8076—2008)和《混凝土外加剂应用技术规范》(GB 50119—2013)的规定。

检查数量：按同一厂家、同一品种、同一性能、同一批号且连续进场的混凝土外加剂，不超过50 t为一批，每批抽样数最不应少于一次。

检验方法：检查质量证明文件和抽样检验报告。

③水泥、外加剂进场检验，当满足下列条件之一时，其检验批容量可扩大一倍：

a. 获得认证的产品。

b. 同一厂家、同一品种、同一规格的产品，连续三次进场检验均一次检验合格。

2）一般项目。

①混凝土用矿物掺合料进场时，应对其品种、性能、出厂日期等进行检查，并应对矿物掺合料的相关技术指标进行检验，检验结果应符合现行国家有关标准的规定。

检查数量：按同一厂家、同一品种、同一批号且连续进场的矿物掺合料，粉煤灰、矿渣粉、磷渣粉、钢铁渣粉和复合矿物掺合料不超过 200 t 为一批，沸石粉不超过 120 t 为一批，硅灰不超过 30 t 为一批，每批抽样数量不应少于一次。

检验方法：检查质量证明文件和抽样检验报告。

②混凝土原材料中的粗骨料、细骨料质量应符合现行行业标准《普通混凝土用砂、石质量及检验方法标准》(JGJ 52—2006)的规定，使用经过净化处理的海砂应符合现行行业标准《海砂混凝土应用技术规范》(JGJ 206—2010)的规定，再生混凝土骨料应符合现行国家标准《混凝土用再生粗骨料》(GB/T 25177—2010)和《混凝土和砂浆用再生细骨料》(GB/T 25176—2010)的规定。

检查数量：按现行行业标准《普通混凝土用砂、石质量及检验方法标准》(JGJ 52—2006)的规定确定。

检验方法：检查抽样检验报告。

③混凝土拌制及养护用水应符合现行行业标准《混凝土用水标准》(JGJ 63—2006)的规定。采用饮用水时，可不检验；采用中水、搅拌站清洗水、施工现场循环水等其他水源时，应对其成分进行检验。

检查数量：同一水源检查不应少于一次。

检验方法：检查水质检验报告。

（3）混凝土施工。

1）主控项目。混凝土的强度等级必须符合设计要求。用于检验混凝土强度的试件应在浇筑地点随机抽取。

检查数量：对同一配合比混凝土，取样与试件留置应符合下列规定：

①每拌制 100 盘且不超过 100 m³ 时，取样不得少于一次。

②每工作班拌制不足 100 盘时，取样不得少于一次。

③连续浇筑超过 1 000 m³ 时，每 200 m³ 取样不得少于一次。

④每一楼层取样不得少于一次。

⑤每次取样应至少留置一组试件。

检验方法：检查施工记录及混凝土强度试验报告。

2）一般项目。

①后浇带的留设位置应符合设计要求。后浇带和施工缝的留设及处理方法应符合施工方案要求。

检查数量：全数检查。

检验方法：观察。

②混凝土浇筑完毕后应及时进行养护，养护时间及养护方法应符合施工方案要求。

检查数量：全数检查。

检验方法：观察，检查混凝土养护记录。

4. 现浇结构分项工程

（1）主控项目。

1)现浇结构的外观质量不应有严重缺陷。对已经出现的严重缺陷，应由施工单位提出技术处理方案，并经监理单位认可后进行处理；对裂缝、连接部位出现的严重缺陷及其他影响结构安全的严重缺陷，技术处理方案应经设计单位认可。对经处理的部位应重新验收。

检查数量：全数检查。

检验方法：观察，检查处理记录。

2)现浇结构不应有影响结构性能或使用功能的尺寸偏差；混凝土设备基础不应有影响结构性能和设备安装的尺寸偏差。

对超过尺寸允许偏差且影响结构性能和安装、使用功能的部位，应由施工单位提出技术处理方案，经监理、设计单位认可后进行处理。对经处理的部位应重新验收。

检查数量：全数检查。

检验方法：观察，检查处理记录。

(2)一般项目。

1)现浇结构的外观质量不应有一般缺陷。对已经出现的一般缺陷，应由施工单位按技术处理方案进行处理。对经处理的部位应重新验收。

检查数量：全数检查。

检验方法：观察，检查处理记录。

视频：回弹法检测混凝土强度

2)现浇结构的位置、尺寸允许偏差及检验方法应符合表 2-32 的规定。

表 2-32　现浇结构的位置、尺寸允许偏差及检验方法

项目			允许偏差/mm	检验方法
轴线位置	整体基础		15	经纬仪及尺量
	独立基础		10	经纬仪及尺量
	柱、墙、梁		8	尺量
垂直度	层高	≤6 m	10	经纬仪或吊线、尺量
		>6 m	12	经纬仪或吊线、尺量
	全高(H)≤300 m		$H/30\,000+20$	经纬仪、尺量
	全高(H)>300 m		$H/10\,000$ 且≤80	经纬仪、尺量
标高	层高		±10	水准仪或拉线、尺量
	全高		±30	水准仪或拉线、尺量
截面尺寸	基础		+15，−10	尺量
	柱、梁、板、墙		+10，−5	尺量
	楼梯相邻踏步高差		±6	尺量
电梯井	中心位置		10	尺量
	长、宽尺寸		+25，0	尺量
表面平整度			8	2 m 靠尺和塞尺量测
预埋件中心位置	预埋板		10	尺量
	预埋螺栓		5	尺量
	预埋管		5	尺量
	其他		10	尺量
预留洞、孔中心线位置			15	尺量

注：1. 检查柱轴线、中心线位置时，沿纵、横两个方向测量并取其中偏差的较大值。

　　2. H 为全高，单位为 mm

检查数量：按楼层、结构缝或施工段划分检验批。在同一检验批内，对梁、柱和独立基础，应抽查构件数量的 10%，且不应少于 3 件；对墙和板，应按有代表性的自然间抽查 10%，且不应少于 3 间；对大空间结构，墙可按相邻轴线间高度 5 m 左右划分检查面，板可按纵、横轴线划分检查面，抽查 10%，且均不应少于 3 面；对电梯井，应全数检查。

3）现浇设备基础的位置和尺寸应符合设计和设备安装的要求。其位置和尺寸偏差及检验方法应符合表 2-33 的规定。

检查数量：全数检查。

表 2-33　现浇设备基础位置和尺寸允许偏差及检验方法

项目		允许偏差/mm	检验方法
坐标位置		20	经纬仪及尺量
不同平面标高		0，−20	水准仪或拉线、尺量
平面外形尺寸		±20	尺量
凸台上平面外形尺寸		0，−20	尺量
凹槽尺寸		+20，0	尺量
平面水平度	每米	5	水平尺、塞尺量测
	全长	10	水准仪或拉线、尺量
垂直度	每米	5	经纬仪或吊线、尺量
	全高	10	经纬仪或吊线、尺量
预埋地脚螺栓	中心位置	2	尺量
	顶标高	+20，0	水准仪或拉线、尺量
	中心距	±2	尺量
	垂直度	5	吊线、尺量
预埋地脚螺栓孔	中心线位置	10	尺量
	截面尺寸	+20，0	尺量
	深度	+20，0	尺量
	垂直度	$h/100$ 且≤10	吊线、尺量
预埋活动地脚螺栓锚板	中心线位置	5	尺量
	标高	+20，0	水准仪或拉线、尺量
	带槽锚板平整度	5	直尺、塞尺量测
	带螺纹孔锚板平整度	2	直尺、塞尺量测

注：1. 检查坐标、中心线位置，应沿纵、横两个方向测量并取其中偏差的较大值。
　　2. h 为预埋地脚螺栓孔孔深，单位为 mm

2.2.2 砌体工程质量控制要点

1. 砖砌体工程

(1)一般规定。

1)用于清水墙、柱表面的砖,应边角整齐,色泽均匀。

2)砌体砌筑时,混凝土多孔砖、混凝土实心砖、蒸压灰砂砖、蒸压粉煤灰砖等块体的产品龄期不应小于 28 d。

3)有冻胀环境和条件的地区,地面以下或防潮层以下的砌体,不应采用多孔砖。

4)不同品种的砖不得在同一楼层混砌。

5)砌筑烧结普通砖、烧结多孔砖、蒸压灰砂砖、蒸压粉煤灰砖砌体时,砖应提前 1～2 d 适度湿润,严禁采用干砖或处于吸水饱和状态的砖砌筑,块体湿润程度宜符合下列规定:

①烧结类块体的相对含水率为 60%～70%。

②混凝土多孔砖及混凝土实心砖不需要浇水湿润,但在气候干燥炎热的情况下,宜在砌筑前给其喷水,使其湿润。其他非烧结类块体的相对含水率为 40%～50%。

6)采用铺浆法砌筑砌体,铺浆长度不得超过 750 mm;当施工期间气温超过 30 ℃时,铺浆长度不得超过 500 mm。

7)240 mm 厚承重墙的每层墙的最上一皮砖,砖砌体的阶台水平面上及挑出层的外皮砖,应整砖丁砌。

8)弧拱式及平拱式过梁的灰缝应砌成楔形缝,拱底灰缝宽度不宜小于 5 mm,拱顶灰缝宽度不应大于 15 mm,拱体的纵向及横向灰缝应填实砂浆;平拱式过梁拱脚下面应伸入墙内不小于 20 mm;砖砌平拱过梁底应有 1% 的起拱。

9)拆除砖过梁底部的模板及其支架时,灰缝砂浆强度不应低于设计强度的 75%。

10)多孔砖的孔洞应垂直于受压面砌筑。半盲孔多孔砖的封底面应朝上砌筑。

11)竖向灰缝不应出现瞎缝、透明缝和假缝。

12)砖砌体施工临时间断处补砌时,必须将接槎处表面清理干净,洒水湿润,并填实砂浆,保持灰缝平直。

13)夹心复合墙的砌筑应符合下列规定。

①墙体砌筑时,应采取措施防止空腔内掉落砂浆和杂物。

②拉结件设置应符合设计要求,拉结件在叶墙上的搁置长度不应小于叶墙厚度的 2/3,且不应小于 60 mm。

③保温材料品种及性能应符合设计要求。保温材料的浇注压力不应对砌体强度、变形及外观质量产生不良影响。

(2)主控项目。

1)砖和砂浆的强度等级必须符合设计要求。

抽检数量:每一生产厂家,烧结普通砖、混凝土实心砖每 15 万块,烧结多孔砖、混凝土多孔砖、蒸压灰砂砖及蒸压粉煤灰砖每 10 万块各为一验收批;当不足上述数量时,按一批计,抽检数量为一组。

检验方法:检查砖和砂浆试块试验报告。

2)砌体灰缝砂浆应密实饱满,砖墙水平灰缝的砂浆饱满度不得低于 80%;砖柱水平灰缝和竖向灰缝饱满度不得低于90％。

抽检数量：每检验批抽查不应少于5处。

检验方法：用百格网检查砖底面与砂浆的黏结痕迹面积。每处检测3块砖，取其平均值。

3)砖砌体的转角处和交接处应同时砌筑。严禁无可靠措施的内外墙分砌施工。在抗震设防烈度为8度及8度以上的地区，对不能同时砌筑而又必须留置的临时间断处应砌成斜槎，普通砖砌体斜槎水平投影长度不应小于高度的2/3。多孔砖砌体的斜槎长高比不应小于1/2。斜槎高度不得超过一步脚手架的高度。

抽检数量：每检验批抽查不应少于5处。

检验方法：观察检查。

4)非抗震设防及抗震设防烈度为6度、7度地区的临时间断处，当不能留斜槎时，除转角处外，可留直槎，但直槎必须做成凸槎，且应加设拉结钢筋，拉结钢筋应符合下列规定：

①每120 mm墙厚放置1φ6拉结钢筋(120 mm厚墙应放置2φ6拉结钢筋)。

②间距沿墙高不应超过500 mm；且竖向间距偏差不应超过100 mm。

③埋入长度从留槎处算起每边均不应小于500 mm，对抗震设防烈度为6度、7度的地区，不应小于1000 mm。

④末端应有90°弯钩。

抽检数量：每检验批抽查不应少于5处。

检验方法：观察和尺量检查。

(3)一般项目。

1)砖砌体组砌方法应正确，内外搭砌，上下错缝。清水墙、窗间墙无通缝；混水墙中不得有长度大于300 mm的通缝，长度为200～300 mm的通缝每间不超过3处，且不得位于同一面墙体上。砖柱不得采用包心砌法。

抽检数量：每检验批抽查不应少于5处。

检验方法：观察检查。砌体组砌方法抽检每处应为3～5 m。

2)砖砌体的灰缝应横平竖直，厚薄均匀。水平灰缝厚度及竖向灰缝宽度宜为10 mm，但不应小于8 mm，也不应大于12 mm。

抽检数量：每检验批抽查不应少于5处。

检验方法：水平灰缝厚度用尺量10皮砖砌体高度折算。竖向灰缝宽度用尺量2 m砌体长度折算。

3)砖砌体尺寸、位置的允许偏差及检验方法应符合表2-34的规定。

视频：墙体垂直度检测　　视频：墙体平直度检测

表 2-34 砖砌体尺寸、位置的允许偏差及检验方法

项次	项目			允许偏差/mm	检验方法	抽检数量
1	轴线位移			10	用经纬仪和尺或用其他测量仪器检查	承重墙、柱全数检查
2	基础、墙、柱顶面标高			±15	用水准仪和尺检查	不应小于 5 处
3	墙面垂直度	每层		5	用 2 m 托线板检查	不应小于 5 处
		全高	≤10 m	10	用经纬仪、吊线和尺或其他测量仪器检查	外墙全部阳角
			>10 m	20		
4	表面平整度	清水墙、柱		5	用 2 m 靠尺和楔形塞尺检查	不应小于 5 处
		混水墙、柱		8		
5	水平灰缝平直度	清水墙		7	拉 5 m 线和尺检查	不应小于 5 处
		混水墙		10		
6	门窗洞口高、宽(后塞口)			±10	用尺检查	不应小于 5 处
7	外墙上下窗口偏移			20	以底层窗口为准,用经纬仪或吊线检查	不应小于 5 处
8	清水墙游丁走缝			20	以每层第一皮砖为准,用吊线和尺检查	不应小于 5 处

2. 石砌体工程

(1)一般规定。

1)石砌体采用的石材应质地坚实、无裂纹和无明显风化剥落;用于清水墙、柱表面的石材,还应色泽均匀;石材的放射性应经检验,其安全性应符合《建筑材料放射性核素限量》(GB 6566—2010)的有关规定。

2)石材表面的泥垢、水锈等杂质,砌筑前应清除干净。

3)砌筑毛石基础的第一皮石块应坐浆,并将大面向下;砌筑料石基础的第一皮石块应用丁砌层坐浆砌筑。

4)毛石砌体的第一皮及转角处、交接处和洞口处,应用较大的平毛石砌筑。每个楼层(包括基础)砌体的最上一皮,宜选用较大的毛石砌筑。

5)毛石砌筑时,对石块间存在的较大的缝隙,应先向缝内填灌砂浆并捣实,然后再用小石块嵌填,不得先填小石块后填灌砂浆,石块间不得出现无砂浆相互接触现象。

6)砌筑毛石挡土墙应按分层高度砌筑,并应符合下列规定:

①每砌 3~4 皮为一个分层高度,应将每个分层高度中的顶层石块砌平。

②两个分层高度间分层处的错缝不得小于 80 mm。

7)料石挡土墙,当中间部用毛石砌筑时,丁砌料石伸入毛石部分的长度不应小于 200 mm。

8)毛石、毛料石、粗料石、细料石砌体灰缝厚度应均匀,灰缝厚度应符合下列规定。

①毛石砌体外露面的灰缝厚度不宜大于 40 mm。

②毛料石和粗料石的灰缝厚度不宜大于 20 mm。

③细料石的灰缝厚度不宜大于 5 mm。

9)挡土墙的泄水孔当设计无规定时,施工应符合下列规定。

①泄水孔应均匀设置,在每米高度上间隔 2 m 左右设置一个泄水孔。

②泄水孔与土体间铺设长、宽各为 300 mm、厚为 200 mm 的卵石或碎石作疏水层。

10)挡土墙内侧回填土必须分层夯填,分层松土厚宜为 300 mm。墙顶土面应有适当坡度使流水流向挡土墙外侧面。

11)在毛石和实心砖的组合墙中,毛石砌体与砖砌体应同时砌筑,并每隔 4～6 皮砖用 2～3 皮丁砖与毛石砌体拉结砌合;应在两种砌体间的空隙间应填实砂浆。

12)毛石墙和砖墙相接的转角处和交接处应同时砌筑。转角处、交接处应自纵墙(或横墙)每隔 4～6 皮砖高度引出不小于 120 mm 与横墙(或纵墙)相接。

(2)主控项目。

1)石材及砂浆强度等级必须符合设计要求。

抽检数量:同一产地的同类石材抽检不应小于 1 组。

检验方法:料石检查产品质量证明书,石材、砂浆检查试块试验报告。

2)砌体灰缝的砂浆饱满度不应小于 80%。

抽检数量:每检验批抽查不应少于 5 处。

检验方法:观察检查。

(3)一般项目。

1)石砌体尺寸、位置的允许偏差及检验方法应符合表 2-35 的规定。

表 2-35　石砌体尺寸、位置的允许偏差及检验方法

项次	项目		允许偏差/mm						检验方法
			毛石砌体		料石砌体				
			基础	墙	毛料石		粗料石		细料石	
					基础	墙	基础	墙	墙、柱	
1	轴线位置		20	15	20	15	15	10	10	用经纬仪和尺检查,或用其他测量仪器检查
2	基础和墙砌体顶面标高		±25	±15	±25	±15	±15	±15	±10	用水准仪和尺检查
3	砌体厚度		+30	+20 −10	+30	+20 −10	+15	+10 −5	+10 −5	用尺检查
4	墙面垂直度	每层	—	20	—	20	—	10	7	用经纬仪、吊线和尺检查,或用其他测量仪器检查
		全高	—	30	—	30	—	25	10	
5	表面平整度	清水墙、柱	—	—	—	20	—	10	5	细料石用 2 m 靠尺和楔形塞尺检查,其他用两直尺垂直于灰缝拉 2 m 线和尺检查
		混水墙、柱	—	—	—	20	—	15	—	
6	清水墙水平灰缝平直度		—	—	—	—	—	10	5	拉 10 m 线和尺检查

抽检数量：每检验批抽查不应少于 5 处。

2)石砌体的组砌形式应符合下列规定。

①内外搭砌，上下错缝，拉结石、丁砌石交错设置。

②毛石墙拉结石每 0.7 m² 墙面不应少于 1 块。

检查数量：每检验批抽查不应少于 5 处。

检验方法：观察检查。

3. 混凝土小型空心砌块砌体工程

(1)一般规定。

1)施工前，应按房屋设计图编绘小砌块平、立面排块图，施工中应按排块图施工。

2)施工采用的小砌块的产品龄期不应小于 28 d。

3)砌筑小砌块时，应清除表面污物，剔除外观质量不合格的小砌块。

4)砌筑小砌块砌体，宜选用专用小砌块砌筑砂浆。

5)底层室内地面以下或防潮层以下的砌体，应采用强度等级不低于 C20(或 Cb20)的混凝土灌实小砌块的孔洞。

6)砌筑普通混凝土小型空心砌块砌体，不需要对小砌块浇水湿润，如遇天气干燥炎热，宜在砌筑前对其喷水湿润；对轻骨料混凝土小砌块，应提前浇水湿润，块体的相对含水率宜为 40%～50%。雨天及小砌块表面有浮水时，不得施工。

7)承重墙体使用的小砌块应完整、无破损、无裂缝。

8)小砌块墙体应孔对孔、肋对肋错缝搭砌。单排孔小砌块的搭接长度应为块体长度的 1/2；多排孔小砌块的搭接长度可适当调整，但不宜小于小砌块长度的 1/3，且不应小于 90 mm。墙体的个别部位不能满足上述要求时，应在灰缝中设置拉结钢筋或钢筋网片，但竖向通缝仍不得超过 2 皮小砌块。

9)小砌块应将生产时的底面朝上反砌于墙上。

10)小砌块墙体宜逐块坐(铺)浆砌筑。

11)在散热器、厨房和卫生间等设备的卡具安装处砌筑的小砌块，宜在施工前用强度等级不低于 C20(或 Cb20)的混凝土将其孔洞灌实。

12)每步架墙(柱)砌筑完成后，应随即刮平墙体灰缝。

13)芯柱处小砌块墙体砌筑应符合下列规定：

①每一楼层芯柱处第一皮砌块应采用开口小砌块。

②砌筑时应随砌随清除小砌块孔内的毛边，并将灰缝中挤出的砂浆刮净。

14)芯柱混凝土宜选用专用小砌块灌孔混凝土。浇筑芯柱混凝土应符合下列规定。

①每次连续浇筑的高度宜为半个楼层，但不应大于 1.8 m。

②浇筑芯柱混凝土时，砌筑砂浆强度应大于 1 MPa。

③清除孔内掉落的砂浆等杂物，并用水冲淋孔壁。

④浇筑芯柱混凝土前，应先注入适量与芯柱混凝土成分相同的去石砂浆。

⑤每浇筑 400～500 mm 高度捣实一次，或边浇筑边捣实。

(2)主控项目。

1)小砌块和芯柱混凝土、砌筑砂浆的强度等级必须符合设计要求。

抽检数量：每一生产厂家，每 1 万块小砌块为一验收批，不足 1 万块按一批计，抽检数量为 1 组；用于多层以上建筑的基础和底层的小砌块抽检数量不应少于 2 组。砂浆试块的抽检数量应执行《砌体结构工程施工质量验收规范》(GB 50203—2011)第 4.0.12 条的有关规定。

检验方法：检查小砌块和芯柱混凝土、砌筑砂浆试块试验报告。

2)砌体水平灰缝和竖向灰缝的砂浆饱满度，按净面积计算不得低于90％。

抽检数量：每检验批抽查不应少于5处。

检验方法：用专用百格网检测小砌块与砂浆黏结痕迹，每处检测3块小砌块，取平均值。

3)墙体转角处和纵横交接处应同时砌筑。临时间断处应砌成斜槎，斜槎水平投影长度不应小于斜槎高度。施工洞口可预留直槎，但在洞口砌筑和补砌时，应在直槎上下搭砌的小砌块孔洞内用强度等级不低于C20(或Cb20)的混凝土灌实。

抽检数量：每检验批抽查不应少于5处。

检验方法：观察检查。

4)小砌块砌体的芯柱在楼盖处应贯通，不得削弱芯柱截面尺寸；芯柱混凝土不得漏灌。

抽检数量：每检验批抽查不应少于5处。

检验方法：观察检查。

(3)一般项目。

1)砌体的水平灰缝厚度和竖向灰缝宽度宜为10 mm，但不应小于8 mm，也不应大于12 mm。抽检数量：每检验批抽查不应少于5处。

检验方法：水平灰缝厚度用尺量5皮小砌块的高度折算；竖向灰缝宽度用尺量2 m砌体长度折算。

2)小砌块砌体尺寸、位置的允许偏差应符合相关规范的要求。

2.2.3　钢结构工程质量控制要点

1. 原材料

(1)一般规定。

1)钢结构用主要材料、零(部)件、成品件、标准件等产品应进行进场验收。

2)进场验收的检验批划分原则上宜与各分项工程检验批一致，也可根据工程规模及进料的实际情况划分检验批。

(2)钢板。

1)主控项目。

①钢板的品种、规格、性能应符合现行国家标准的规定并满足设计要求。钢板进场时，应按国家现行标准的规定抽取试件且应进行屈服强度、抗拉强度、伸长率和厚度偏差检验，检验结果应符合现行国家标准的规定。

检查数量：质量证明文件全数检查；抽样数量按进场批次和产品的抽样检验方案确定。

检验方法：检查质量证明文件和抽样检验报告。

②钢板应按规范的规定进行见证抽样复验，其复验结果应符合现行国家标准的规定并满足设计要求。

检查数量：全数检查。

检验方法：见证取样送样过程，检查复验报告。

2)一般项目。

①钢板厚度及其允许偏差应满足其产品标准和设计文件的要求。

检查数量：每批同一品种、规格的钢板抽检10％，且不应少于3张，每张检测3处。

检验方法：用游标卡尺或超声波测厚仪量测。

②钢板的平整度应满足其产品标准的要求。

检查数量：每批同一品种、规格的钢板抽检10％，且不应少于3张，每张检测3处。

检验方法：用拉线、钢尺和游标卡尺量测。

③钢板的表面外观质量除应符合现行国家标准的规定外，还应符合下列规定：

a. 当钢板的表面有锈蚀、麻点或划痕等缺陷时，其深度不得大于该钢材厚度允许负偏差值的1/2，且不应大于0.5 mm；

b. 钢板表面的锈蚀等级应符合现行国家标准《涂覆涂料前钢材表面处理 表面清洁度的目视评定 第1部分：未涂覆过的钢材表面和全面清除原有涂层后的钢材表面的锈蚀等级和处理等级》(GB/T 8923.1—2011)规定的C级及C级以上等级；

c. 钢板端边或断口处不应有分层、夹渣等缺陷。

检查数量：全数检查。

检验方法：观察检查。

(3)焊接材料。

1)主控项目。

①焊接材料的品种、规格、性能应符合现行国家标准的规定并满足设计要求。焊接材料进场时，应按现行国家标准的规定抽取试件且应进行化学成分和力学性能检验，检验结果应符合现行国家标准的规定。

检查数量：质量证明文件全数检查；抽样数量按进场批次和产品的抽样检验方案确定。

检验方法：检查质量证明文件和抽样检验报告。

②对于下列情况之一的钢结构所采用的焊接材料应按其产品标准的要求进行抽样复验，复验结果应符合现行国家标准的规定并满足设计要求：

a. 结构安全等级为一级的一、二级焊缝。

b. 结构安全等级为二级的一级焊缝。

c. 需要进行疲劳验算构件的焊缝。

d. 材料混批或质量证明文件不齐全的焊接材料。

e. 设计文件或合同文件要求复检的焊接材料。

检查数量：全数检查。

检验方法：见证取样送样，检查复验报告。

2)一般项目。

①焊钉及焊接瓷环的规格、尺寸及允许偏差应符合现行国家标准的规定。

检查数量：按批量抽查1％，且不应少于10套。

检验方法：用钢尺和游标卡尺量测。

②施工单位应按《电弧螺柱焊用圆柱头焊钉》(GB/T 10433—2002)的规定，对焊钉的机械性能和焊接性能进行复验，复验结果应符合现行国家标准规定并满足设计要求。

检查数量：每个批号进行一组复验，且不应少于5个拉伸和5个弯曲试验。

检验方法：见证取样送样，检查复验报告。

③焊条外观不应有药皮脱落、焊芯生锈等缺陷，焊剂不应由于受潮而结块。

检查数量：按批量抽查1％，且不应少于10包。

检验方法：观察检查。

(4)连接用紧固标准件。

1)主控项目。

①钢结构连接用高强度螺栓连接副的品种、规格、性能应符合现行国家标准的规定并满足设计要求。高强度大六角头螺栓连接副应随箱带有扭矩系数检验报告，扭剪型高强度螺栓

连接副应随箱带有紧固轴力(预拉力)检验报告。高强度大六角头螺栓连接副和扭剪型高强度螺栓连接副进场时，应按现行国家标准的规定抽取试件且应分别进行扭矩系数和紧固轴力(预拉力)检验，检验结果应符合现行国家标准的规定。

检查数量：质量证明文件全数检查，抽样数量按进场批次和产品的抽样检验方案确定。

检验方法：检查质量证明文件和抽样检验报告。

②高强度大六角头螺栓连接副应复验其扭矩系数，扭剪型高强度螺栓连接副应复验其紧固轴力，其检验结果应符合相关规范的规定。

检查数量：按相关标准要求。

检验方法：见证取样送样，检查复验报告。

③对建筑结构安全等级为一级或跨度60 m及以上的螺栓球节点钢网架、网壳结构，其连接高强度螺栓应按《钢网架螺栓球节点用高强度螺栓》(GB/T 16939—2016)进行拉力载荷试验。

检查数量：按规格抽查8只。

检验方法：用拉力试验机测定。

2)一般项目。

①热浸镀锌高强度螺栓镀层厚度应满足设计要求。当设计无要求时，镀层厚度不应小于40 μm。

检查数量：按规格抽查8只。

检验方法：用点接触测厚计测定。

②高强度大六角头螺栓连接副、扭剪型高强度螺栓连接副应按包装箱配套供货。包装箱上应标明批号、规格、数量及生产日期。螺栓、螺母、垫圈表面不应出现生锈和沾染脏物，螺纹不应损伤。

检查数量：按包装箱数抽查5%，且不应少于3箱。

检验方法：观察检查。

③螺栓球节点钢网架、网壳结构用高强度螺栓应进行表面硬度检验，检验结果应满足其产品标准的要求。

检查数量：按规格抽查8只。

检验方法：用硬度计测定。

④普通螺栓、自攻螺钉、铆钉、拉铆钉、射钉、锚栓(机械型和化学试剂型)、地脚锚栓等紧固标准件及螺母、垫圈等，其品种、规格、性能等应符合现行国家产品标准的规定并满足设计要求。

检查数量：全数检查。

检验方法：检查产品的质量合格证明文件、中文产品标志及检验报告等。

2. 焊接工程

(1)一般规定。

1)钢结构焊接工程的检验批可按相应的钢结构制作或安装工程检验批的划分原则划分为一个或若干个检验批。

2)焊缝应冷却到环境温度后方可进行外观检测，无损检测应在外观检测合格后进行，具体检测时间应符合《钢结构焊接规范》(GB 50661—2011)的规定。

3)焊缝施焊后应按焊接工艺规定在相应焊缝及部位做出标志。

(2)钢构件焊接工程。

1)主控项目。

①焊接材料与母材的匹配应符合设计文件的要求及国家现行标准的规定。焊接材料在使用前，应按其产品说明书及焊接工艺文件的规定进行烘焙和存放。

检查数量：全数检查。

检验方法：检查质量证明书和烘焙记录。

②持证焊工必须在其焊工合格证书规定的认可范围内施焊，严禁无证焊工施焊。

检查数量：全数检查。

检验方法：检查焊工合格证及其认可范围、有效期。

③施工单位应按《钢结构焊接规范》(GB 50661—2011)的规定进行焊接工艺评定，根据评定报告确定焊接工艺，编写焊接工艺规程并进行全过程质量控制。

检查数量：全数检查。

检验方法：检查焊接工艺评定报告，焊接工艺规程，焊接过程参数测定、记录。

④设计要求的一、二级焊缝应进行内部缺陷的无损检测，一、二级焊缝的质量等级和检测要求应符合表 2-36 的规定。

检查数量：全数检查。

检验方法：检查超声波或射线探伤记录。

表 2-36　一级、二级焊缝质量等级及无损检测要求

焊缝质量等级		一级	二级
内部缺陷超声波探伤	缺陷评定等级	Ⅱ	Ⅲ
	检验等级	B 级	B 级
	检测比例	100%	20%
内部缺陷射线探伤	缺陷评定等级	Ⅱ	Ⅲ
	检验等级	B 级	B 级
	检测比例	100%	20%

注：二级焊缝检测比例的计数方法应按以下原则确定：工厂制作焊缝按照焊缝长度计算百分比，且探伤长度不小于 200 mm；当焊缝长度小于 200 mm 时，应对整条焊缝探伤；现场安装焊缝应按照同一类型、同一施焊条件的焊缝条数计算百分比，且不应少于 3 条焊缝。

⑤焊缝内部缺陷的无损检测应符合下列规定。

a. 采用超声波检测时，超声波检测设备、工艺要求及缺陷评定等级应符合《钢结构焊接规范》(GB 50661—2011)的规定。

b. 当不能采用超声波探伤或对超声波检测结果有疑义时，可采用射线检测验证，射线检测技术应符合《焊缝无损检测　射线检测　第 1 部分：X 和伽玛射线的胶片技术》(GB/T 3323.1—2019)或《焊缝无损检测　射线检测　第 2 部分：使用数字化探测器的 X 和伽玛射线技术》(GB/T 3323.2—2019)的规定，缺陷评定等级应符合现行国家标准《钢结构焊接规范》(GB 50661—2011)的规定。

c. 焊接球节点网架、螺栓球节点网架及圆管 T、K、Y 节点焊缝的超声波探伤方法及缺陷分级应符合现行国家和行业标准的有关规定。

检查数量：全数检查。

检验方法：检查超声波或射线探伤记录。

⑥T形接头、十字接头、角接接头等要求焊透的对接和角接组合焊缝(图 2-1),其加强焊脚尺寸h_k不应小于$t/4$且不大于 10 mm,其允许偏差为 0~4 mm。

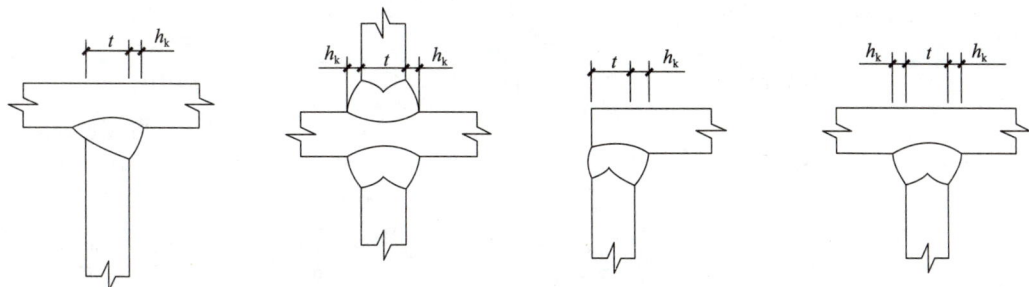

图 2-1 对接和角接组合焊缝

检查数量:资料全数检查,同类焊缝抽查 10%,且不应少于 3 条。

检验方法:观察检查,用焊缝量规抽查测量。

2)一般项目。

①焊缝外观质量应符合表 2-37、表 2-38 的规定。

检查数量:承受静荷载的二级焊缝每批同类构件抽查 10%,承受静荷载的一级焊缝和承受动荷载的焊缝每批同类构件抽查 15%,且不应少于 3 件;被抽查构件中,每一类型焊缝应按条数抽查 5%,且不应少于 1 条;每条应抽查 1 处,总抽查数不应少于 10 处。

检验方法:观察检查或使用放大镜、焊缝量规和钢尺检查,当有疲劳验算要求时,应采用渗透或磁粉探伤检查。

表 2-37 无疲劳验算要求的钢结构焊缝外观质量要求

检验项目	焊缝质量等级		
	一级	二级	三级
裂纹	不允许	不允许	不允许
未焊满	不允许	≤0.2 mm+0.02t 且≤1 mm,每 100 mm 长度焊缝内未焊满累积长度≤25 mm	≤0.2 mm+0.04t 且≤2 mm,每 100 mm长度焊缝内未焊满累积长度≤25 mm
根部收缩	不允许	≤0.2 mm+0.02t 且≤1 mm,长度不限	≤0.2 mm+0.04t 且≤2 mm,长度不限
咬边	不允许	≤0.05t 且≤0.5 mm,连续长度≤100 mm,且焊缝两侧咬边总长≤10%焊缝全长	≤0.1t 且≤1 mm,长度不限
电弧擦伤	不允许	不允许	允许存在个别电弧擦伤
接头不良	不允许	缺口深度≤0.05t 且≤0.5 mm,每 1 000 mm 长度焊缝内不得超过 1 处	缺口深度≤0.1t 且≤1 mm,每 1 000 mm长度焊缝内不得超过 1 处
表面气孔	不允许	不允许	每 50 mm 长度焊缝内允许存在直径<0.4t 且≤3 mm 的气孔 2 个,孔距应≥6 倍孔径
表面夹渣	不允许	不允许	深≤0.2t,长≤0.5t 且≤20 mm

注:t 为接头较薄件母材厚度

表 2-38　有疲劳验算要求的钢结构焊缝外观质量要求

检验项目	焊缝质量等级		
	一级	二级	三级
裂纹	不允许	不允许	不允许
未焊满	不允许	不允许	$\leqslant 0.2$ mm$+0.02t\leqslant 1$ mm，每 100 mm 长度焊缝内未焊满累积长度$\leqslant 25$ mm
根部收缩	不允许	不允许	$\leqslant 0.2$ mm$+0.02t$ 且$\leqslant 1$ mm，长度不限
咬边	不允许	$\leqslant 0.05t$ 且$\leqslant 0.3$ mm，连续长度$\leqslant 100$ mm，且焊缝两侧咬边总长$\leqslant 10\%$焊缝全长	$\leqslant 0.1t$ 且$\leqslant 0.5$ mm，长度不限
电弧擦伤	不允许	不允许	允许存在个别电弧擦伤
接头不良	不允许	不允许	缺口深度$\leqslant 0.05t$ 且$\leqslant 0.5$ mm，每 1 000 mm 长度焊缝内不得超过 1 处
表面气孔	不允许	不允许	直径小于 1.0 mm，每米不多于 3 个，间距不小于 20 mm
表面夹渣	不允许	不允许	深$\leqslant 0.2t$，长$\leqslant 0.5t$ 且$\leqslant 20$ mm

注：t 为接头较薄件母材厚度

②焊缝外观尺寸要求应符合表 2-39 和表 2-40 的规定。

表 2-39　无疲劳验算要求的钢结构对接焊缝与角焊缝外观尺寸允许偏差　　mm

序号	项目	示意图	外观尺寸允许偏差	
			一级、二级	三级
1	对接焊缝余高 C		$B<20$ 时，C 为 $0\sim3.0$；$B\geqslant20$ 时，C 为 $0\sim4.0$	$B<20$ 时，C 为 $0\sim3.5$；$B\geqslant20$ 时，C 为 $0\sim5.0$
2	对接焊缝错边 Δ		$\Delta<0.1t$ 且$\leqslant2.0$	$\Delta<0.15t$ 且$\leqslant3.0$
3	角焊缝余高 C		$h_f\leqslant6$ 时，C 为 $0\sim1.5$；$h_f>6$ 时，C 为 $0\sim3.0$	

序号	项目	示意图	外观尺寸允许偏差	
			一级、二级	三级
4	对接和角接组合焊缝余高 C		$h_k \leqslant 6$ 时，C 为 $0 \sim 1.5$；$h_k > 6$ 时，C 为 $0 \sim 3.0$	
注：B 为焊缝宽度；t 为对接接头较薄件母材厚度				

表 2-40　有疲劳验算要求的钢结构焊缝外观尺寸允许偏差

项目	焊缝种类	外观尺寸允许偏差
焊脚尺寸	对接与角接组合焊缝 h_k	0 +2.0 mm
	角焊缝 h_f	−1.0 mm +2.0 mm
	手工焊角焊缝 h_f（全长的 10%）	−1.0 mm +3.0 mm
焊缝高低差	角焊缝	$\leqslant 2.0$ mm（任意 25 mm 范围高低差）
余高	对接焊缝	$\leqslant 2.0$ mm（焊缝宽 $b \leqslant 20$ mm）
		$\leqslant 3.0$ mm（$b > 20$ mm）
余高铲磨后表面	横向对接焊缝	表面不高于母材 0.5 mm
		表面不低于母材 0.3 mm
		粗糙度 50 μm

检查数量：承受静荷载的二级焊缝每批同类构件抽查 10%，承受静荷载的一级焊缝和承受动荷载的焊缝每批同类构件抽查 15%，且不应少于 3 件；被抽查构件中，每种焊缝应按条数各抽查 5%，但不应少于 1 条；每条应抽查 1 处，且总抽查数不应少于 10 处。

检验方法：用焊缝量规检查。

③对于需要进行预热或后热的焊缝，其预热温度或后热温度应符合现行国家标准的规定或通过焊接工艺评定确定。

检查数量：全数检查。

检验方法：检查预热或后热施工记录和焊接工艺评定报告。

3. 单层、多高层钢结构安装工程

（1）一般规定。

1）钢结构安装工程可按变形缝或空间稳定单元等划分成一个或若干个检验批，也可按楼层或施工段等划分为一个或若干个检验批。地下钢结构可按不同地下层划分检验批。

2）钢结构安装检验批应在原材料及构件进场验收和紧固件连接、焊接连接、防腐等分项工程验收合格的基础上验收。

3)结构安装测量校正、高强度螺栓连接副及摩擦面抗滑移系数、冬雨期施工及焊接等，应在实施前制定相应的施工工艺或方案。

4)安装偏差的检测，应在结构形成空间稳定单元并连接固定且临时支承结构拆除前进行。

5)安装时，施工荷载和冰雪荷载等严禁超过梁、桁架、楼面板、屋面板、平台铺板等的承载能力。

6)在形成空间稳定单元后，应立即对柱底板和基础顶面的空隙进行二次浇灌。

7)安装多节柱时，每节柱的定位轴线应从基准面控制轴线直接引上，不得从下层柱轴线引上。

(2)基础和地脚螺栓(锚栓)。

1)主控项目。

①建筑物定位轴线、基础上柱的定位轴线和标高应满足设计要求。当设计无要求时应符合表2-41的规定。

检查数量：全数检查。

检验方法：用经纬仪、水准仪、全站仪和钢尺现场实测。

表2-41　建筑物定位轴线、基础上柱的定位轴线和标高的允许偏差　　　　　　mm

项目	允许偏差	图例
建筑物定位轴线	$l/20\,000$，且不应大于3.0	
基础上柱的定位轴线	1.0	
基础上柱底标高	±3.0	

②基础顶面直接作为柱的支承面或以基础顶面预埋钢板或支座作为柱的支承面时，其支承面、地脚螺栓(锚栓)位置的允许偏差应符合表2-42的规定。

检查数量：按柱基数抽查10%，且不应少于3个。

检验方法：用经纬仪、水准仪、全站仪、水平尺和钢尺实测。

表 2-42　支承面、地脚螺栓(锚栓)位置的允许偏差　　　　　　mm

项　目		允许偏差
支承面	标高	±3.0
	水平度	$l/1\,000$
地脚螺栓(锚栓)	螺栓中心偏移	5.0
预留孔中心偏移		10.0

③采用坐浆垫板时，坐浆垫板的允许偏差应符合表 2-43 的规定。

检查数量：按柱基数抽查 10%，且不应少于 3 个。

检验方法：用水准仪、全站仪、水平尺和钢尺现场实测。

表 2-43　坐浆垫板的允许偏差　　　　　　mm

项　目	允许偏差
顶面标高	0 —3.0
水平度	$l/1\,000$
平面位置	20.0

注：l 为垫板长度

④采用插入式或埋入式柱脚时，杯口尺寸的允许偏差应符合表 2-44 的规定。

检查数量：按基础数抽查 10%，且不应少于 3 处。

检验方法：观察及尺量检查。

表 2-44　杯口尺寸的允许偏差　　　　　　mm

项　目	允许偏差
底面标高	0 —5.0
杯口深度 H	±5.0
杯口垂直度	$h/1\,000$，且不大于 10.0
柱脚轴线对柱定位轴线的偏差	1.0

注：h 为底层柱的高度

2)一般项目。

①地脚螺栓(锚栓)规格、位置及紧固应满足设计要求，地脚螺栓(锚栓)螺纹应有保护措施。

检查数量：全数检查。

检验方法：现场观察。

②地脚螺栓(锚栓)尺寸的偏差应符合表 2-45 的规定。

检查数量：按基础数抽查 10%，且不应少于 3 处。

检验方法：用钢尺进行现场实测。

表 2-45　地脚螺栓(锚栓)尺寸的允许偏差　　　　　　　　　　　　　　　mm

螺栓(锚栓)直径	项目	
	螺栓(锚栓)外露长度	螺栓(锚栓)螺纹长度
$d \leqslant 30$	0 $+1.2d$	0 $+1.2d$
$d > 30$	0 $+1.0d$	0 $+1.0d$

(3)钢柱安装。

1)主控项目。

①钢柱几何尺寸应满足设计要求并符合规范的规定。运输、堆放和吊装等造成的钢构件变形及涂层脱落,应进行矫正和修补。

检查数量:按钢柱数抽查10%,且不应少于3个。

检验方法:用拉线、钢尺现场实测或观察。

②设计要求顶紧的构件或节点、钢柱现场拼接接头接触面不应少于70%密贴,且边缘最大间隙不应大于0.8 mm。

检查数量:按节点或接头数抽查10%,且不应少于3个。

检验方法:用钢尺及0.3 mm和0.8 mm厚的塞尺进行现场实测。

2)一般项目。

①钢柱等主要构件的中心线及标高基准点等标记应齐全。

检查数量:按同类构件或钢柱数抽查10%,且不应少于3件。

检验方法:观察检查。

②钢柱安装的允许偏差应符合表2-46的规定。

检查数量:按钢柱数抽查10%,且不应少于3件。

检验方法:应符合表2-46的规定。

表 2-46　钢柱安装的允许偏差　　　　　　　　　　　　　　　　　　mm

项目	允许偏差	图例	检验方法
柱脚底座中心线 对定位轴线的偏移 Δ	5.0		用吊线和 钢尺等实测
柱子定位轴线 Δ	1.0		—

项目		允许偏差	图例	检验方法
柱基准点标高	有吊车梁的柱	+3.0 −5.0		用水准仪等实测
	无吊车梁的柱	+5.0 −8.0		
弯曲矢高		$H/1\,200$， 且不大于 15.0		用经纬仪或拉线和钢尺等实测
柱轴线垂直度	单层柱	$H/1\,000$， 且不大于 25.0		用经纬仪或吊线和钢尺等实测
	多层柱 单节柱	$H/1\,000$， 且不大于 10.0		
	多层柱 柱全高	35.0		
钢柱安装偏差		3.0		用钢尺等实测
同一层柱的各柱顶高度差 △		5.0		用全站仪、水准仪等实测

③柱的工地拼接接头焊缝组间隙的允许偏差，应符合表2-47的规定。

检查数量：按同类节点数抽查10％，且不应少于3个。

检验方法：采用钢尺检查。

表 2-47　柱的工地拼接接头焊缝组间隙的允许偏差　　　　　　mm

项目	允许偏差
无垫板间隙	+3.0 0
有垫板间隙	+3.0 −2.0

④钢柱表面应干净，结构主要表面不应有疤痕、泥沙等污垢。

检查数量：按同类构件数抽查10％，且不应少于3件。

检验方法：观察检查。

（4）主体钢结构。

1）主控项目。主体钢结构整体立面偏移和整体平面弯曲的允许偏差应符合表2-48的规定。

检查数量：对主要立面全部检查。对每个所检查的立面，除两列角柱外，还应至少选取一列中间柱。

检验方法：采用经纬仪、全站仪、GPS等测量。

表 2-48　钢结构整体立面偏移和整体平面弯曲的允许偏差　　　　　　mm

项目	允许偏差		图例
主体结构的整体立面偏移	单层	$H/1\,000$，且不大于25.0	
	高度60 m以下的多高层	$(H/2\,500+10)$，且不大于30.0	
	高度60 m至100 m的高层	$(H/2\,500+10)$，且不大于50.0	
	高度100 m以上的高层	$(H/2\,500+10)$，且不大于80.0	
主体结构的整体平面弯曲	$l/1\,500$，且不大于50.0		

2）一般项目。主体钢结构总高度可按相对标高或设计标高进行控制。总高度的允许偏差应符合表2-49规定。

检查数量：按标准柱列数抽查10％，且不应少于4列。

检验方法：采用全站仪、水准仪和钢尺实测。

表 2-49　主体钢结构总高度的允许偏差　　　　　　　　　　　　　　mm

项目	允许偏差		图例
用相对标高控制安装	$\pm \sum (\Delta_h + \Delta_z + \Delta_w)$		
用设计标高控制安装	单层	$H/1\,000$，且不大于 20.0 $-H/1\,000$，且不小于 -20.0	
	高度 60 m 以下的多高层	$H/1\,000$，且不大于 30.0 $-H/1\,000$，且不小于 -30.0	
	高度 60 m 至 100 m 的高层	$H/1\,000$，且不大于 50.0 $-H/1\,000$，且不小于 -50.0	
	高度 100 m 以上的高层	$H/1\,000$，且不大于 100.0 $-H/1\,000$，且不小于 -100.0	

注：Δ_h 为每节柱子长度的制造允许偏差；Δ_z 为每节柱子长度受荷载后的压缩值；Δ_w 为每节柱子接头焊缝的收缩值

2.2.4　屋面工程质量控制要点

1. 找坡层和找平层

(1)一般规定。

1)装配式钢筋混凝土板的板缝嵌填施工应符合下列要求：

①嵌填混凝土时板缝内应清理干净，并应保持湿润。

②当板缝宽度大于 40 mm 或上窄下宽时，板缝内应按设计要求配置钢筋。

③嵌填细石混凝土的强度等级不应低于 C20，嵌填深度宜低于板面 10～20 mm，且应振捣密实和浇水养护。

④板端缝应按设计要求增加防裂的构造措施。

2)找坡层宜采用轻骨料混凝土；找坡材料应分层铺设和适当压实，表面应平整。

3)找平层宜采用水泥砂浆或细石混凝土；找平层的抹平工序应在初凝前完成，压光工序应在终凝前完成，终凝后应进行养护。

4)找平层分格缝纵横间距不宜大于 6 m，分格缝的宽度宜为 5～20 mm。

(2)主控项目。

1)找坡层和找平层所用材料的质量及配合比，应符合设计要求。

检验方法：检查出厂合格证、质量检验报告和计量措施。

2)找坡层和找平层的排水坡度，应符合设计要求。

检验方法：坡度尺检查。

(3)一般项目。

1)找平层应抹平、压光，不得有酥松、起砂、起皮现象。

检验方法：观察检查。

2)卷材防水层的基层与凸出屋面结构的交接处以及基层的转角处，找平层应做成圆弧形，且应整齐平顺。

检验方法：观察检查。

3)找平层分格缝的宽度和间距且均应符合设计要求。

检验方法：观察和尺量检查。

4)找坡层表面平整度的允许偏差为 7 mm，找平层表面平整度的允许偏差为 5 mm。

检验方法：2 m 靠尺和塞尺检查。

2. 隔离层

(1)一般规定。

1)块体材料、水泥砂浆或细石混凝土保护层与卷材、涂膜防水层之间，应设置隔离层。

2)隔离层可采用干铺塑料膜、土工布、卷材或铺抹低强度等级砂浆。

(2)主控项目。

1)隔离层所用材料的质量及配合比，应符合设计要求。

检验方法：检查出厂合格证和计量措施。

2)隔离层不得有破损和漏铺现象。

检验方法：观察检查。

(3)一般项目。

1)塑料膜、土工布、卷材应铺设平整，其搭接宽度不应小于 50 mm，不得有皱折。

检验方法：观察和尺量检查。

2)低强度等级砂浆表面应压实、平整，不得有起壳、起砂现象。

检验方法：观察检查。

3. 板状材料保温层

(1)一般规定。

1)板状材料保温层采用干铺法施工时，板状保温材料应紧靠在基层表面上，应铺平垫稳；分层铺设的板块上下层接缝应相互错开，板间缝隙应采用同类材料的碎屑嵌填密实。

2)板状材料保温层采用粘贴法施工时，胶粘剂应与保温材料的材性相容，并应贴严、粘牢；板状材料保温层的平面接缝应挤紧拼严，不得在板块侧面涂抹胶粘剂，超过 2 mm 的缝隙应采用相同材料板条或片填塞严实。

3)板状保温材料采用机械固定法施工时，应选择专用螺钉和垫片；固定件与结构层之间应连接牢固。

(2)主控项目。

1)板状保温材料的质量，应符合设计要求。

检验方法：检查出厂合格证、质量检验报告和进场检验报告。

2)板状材料保温层的厚度应符合设计要求，其正偏差应不限，负偏差应为 5％，且不得大于 4 mm。

检验方法：钢针插入和尺量检查。

3)屋面热桥部位处理应符合设计要求。

检验方法：观察检查。

(3)一般项目。

1)板状保温材料铺设应紧贴基层，应铺平垫稳，拼缝应严密，粘贴应牢固。

检验方法：观察检查。

2)固定件的规格、数量和位置均应符合设计要求；垫片应与保温层表面齐平。

检验方法：观察检查。

3)板状材料保温层表面平整度的允许偏差为 5 mm。

检验方法：2 m 靠尺和塞尺检查。

4)板状材料保温层接缝高低差的允许偏差为 2 mm。

检验方法：采用直尺和塞尺检查。

4. 卷材防水层

(1)一般规定。

1)屋面坡度大于25%时，卷材应采取满粘和钉压固定措施。

2)卷材铺贴方向应符合下列规定。

①卷材宜平行屋脊铺贴。

②上下层卷材不得相互垂直铺贴。

3)卷材搭接缝应符合下列规定。

①平行屋脊的卷材搭接缝应顺流水方向，卷材搭接宽度应符合表2-50的规定。

②相邻两幅卷材短边搭接缝应错开，且不得小于500 mm。

③上下层卷材长边搭接缝应错开，且不得小于幅宽的1/3。

表 2-50　卷材搭接宽度　　　　　　　　　　　　　　　　　　　　　mm

卷材类别		搭接宽度
合成高分子防水卷材	胶粘剂	80
	胶粘带	50
	单缝焊	60，有效焊接宽度不小于25
	双缝焊	80，有效焊接宽度10×2+空腔宽
高聚物改性沥青防水卷材	胶粘剂	100
	自粘	80

4)冷粘法铺贴卷材应符合下列规定。

①胶粘剂涂刷应均匀，不应露底，不应堆积。

②应控制胶粘剂涂刷与卷材铺贴的间隔时间。

③卷材下面的空气应排尽，并应辊压粘牢。

④卷材铺贴应平整顺直，搭接尺寸应准确，不得扭曲、皱折。

⑤接缝口应用密封材料封严，宽度不应小于10 mm。

5)热粘法铺贴卷材应符合下列规定：

①熔化热熔型改性沥青胶结料时，宜采用专用导热油炉加热，加热温度不应高于200 ℃，使用温度不宜低于180 ℃。

②粘贴卷材的热熔型改性沥青胶结料厚度宜为1.0～1.5 mm。

③采用热熔型改性沥青胶结料粘贴卷材时，应随刮随铺并展平、压实。

6)热熔法铺贴卷材应符合下列规定：

①火焰加热器加热卷材应均匀，不得加热不足或烧穿卷材。

②卷材表面热熔后应立即滚铺，卷材下面的空气应排尽，并应辊压粘贴牢固。

③卷材接缝部位应溢出热熔的改性沥青胶，溢出的改性沥青胶宽度宜为8 mm。

④铺贴的卷材应平整顺直，搭接尺寸应准确，不得扭曲、皱折。

⑤厚度小于3 mm的高聚物改性沥青防水卷材，严禁采用热熔法施工。

7)自粘法铺贴卷材应符合下列规定。

①铺贴卷材时，应将自粘胶底面的隔离纸全部撕净。

②卷材下面的空气应排尽，并应辊压粘贴牢固。

③铺贴的卷材应平整顺直，搭接尺寸应准确，不得扭曲、皱折。

④接缝口应用密封材料封严，宽度不应小于 10 mm。

⑤低温施工时，接缝部位宜采用热风加热，并应随即粘贴牢固。

8)焊接法铺贴卷材应符合下列规定：

①焊接前卷材应铺设平整、顺直，搭接尺寸应准确，不得扭曲、皱折。

②卷材焊接缝的结合面应干净、干燥，不得有水滴、油污及附着物。

③焊接时应先焊长边搭接缝，后焊短边搭接缝。

④控制加热温度和时间，焊接缝不得有漏焊、跳焊、焊焦或焊接不牢现象。

⑤焊接时不得损害非焊接部位的卷材。

9)机械固定法铺贴卷材应符合下列规定。

①卷材应采用专用固定件进行机械固定。

②固定件应设置在卷材搭接缝内，外露固定件应用卷材封严。

③固定件应垂直钉入结构层有效固定，固定件数量和位置应符合设计要求。

④卷材搭接缝应黏结或焊接牢固，密封应严密。

⑤卷材周边 800 mm 范围内应满粘。

(2)主控项目。

1)防水卷材及其配套材料的质量，应符合设计要求。

检验方法：检查出厂合格证、质量检验报告和进场检验报告。

2)卷材防水层不得有渗漏和积水现象。

检验方法：雨后观察或淋水、蓄水试验。

3)卷材防水层在檐口、檐沟、天沟、水落口、泛水、变形缝和伸出屋面管道的防水构造，应符合设计要求。

检验方法：观察检查。

(3)一般项目。

1)卷材的搭接缝应黏结或焊接牢固，密封应严密，不得扭曲、皱折和翘边。

检验方法：观察检查。

2)卷材防水层的收头应与基层黏结，钉压应牢固，密封应严密。

检验方法：观察检查。

3)卷材防水层的铺贴方向应正确，卷材搭接宽度的允许偏差为－10 mm。

检验方法：观察和尺量检查。

4)屋面排汽构造的排汽道应纵横贯通，不得堵塞；排气管应安装牢固，位置应正确，封闭应严密。

检验方法：观察检查。

技能测试

1. 填空题

(1)钢筋进场时，应按现行国家标准抽取试件做_____、弯曲性能和_____检验，检验结果应符合相关标准的规定。

(2)现浇结构不应有影响或_____的尺寸偏差；混凝土设备基础不应有在影响_____和_____的尺寸偏差。

(3)弧拱式及平拱式过梁的灰缝应砌成_____，拱底灰缝宽度不宜小于_____mm，拱顶灰缝宽度不应大于_____mm，拱体的纵向及横向灰缝应_____。

(4)毛石砌体的第一皮及转角处、_____、交接处和洞口处，应用平毛石砌筑。

(5)施工采用的混凝土小型空心砌块的产品龄期不应小于_____d。

(6)浇筑芯柱混凝土时，砌筑砂浆强度应大于_____MPa。

(7)砌体水平灰缝厚度和竖向灰缝宽度宜为_____mm，不应小于_____mm，不应大于_____mm。

(8)承受静荷载的二级焊缝每批同类构件抽查_____％，承受静荷载的一级焊缝和承受动荷载的焊缝每批同类构件抽查_____％，且不应少于_____件。

2. 选择题

(1)受力钢筋保护层厚度的合格点率应达到(　　)％及以上。

    A. 80　　　　　　　B. 85　　　　　　　C. 90　　　　　　　D. 86

(2)现浇混凝土独立基础轴线位置允许偏差为(　　)mm。

    A. 8　　　　　　　　B. 10　　　　　　　C. 15　　　　　　　D. 20

(3)砖墙水平灰缝的砂浆饱满度不得低于(　　)％。

    A. 60　　　　　　　B. 70　　　　　　　C. 80　　　　　　　D. 90

(4)毛石砌体外露面的灰缝厚度不宜大于(　　)mm。

    A. 10　　　　　　　B. 20　　　　　　　C. 30　　　　　　　D. 40

(5)板状材料保温层表面平整度的允许偏差为(　　)mm。

    A. 2　　　　　　　　B. 3　　　　　　　C. 4　　　　　　　D. 5

(6)粘贴卷材的热熔型改性沥青胶结料厚度宜为(　　)mm。

    A. 0.5～0.8　　　B. 0.6～1.0　　　C. 1.0～1.5　　　D. 1.2～1.5

任务工单

1. 任务背景

建筑工法楼主体内隔墙有轻钢龙骨内隔墙(墙厚80)、加气混凝土砌块内隔墙(墙厚100、200)、黏土烧结多孔砖内隔墙(墙厚240)三种类型。

2. 任务及要求

(1)根据工法楼内隔墙施工图，通过现场实测实量，对砖砌体或加气混凝土内隔墙几何尺寸、轴线位置、平整度、垂直度、灰缝厚度等进行检查。

(2)按照实测数据填写《砖砌体工程检验批质量验收记录表》(表2-51)或《蒸压加气混凝土砌块砌体结构检验批质量验收记录》。

3. 任务成果

填写完整的《砖砌体工程检验批质量验收记录表》(表2-51)或《蒸压加气混凝土砌块砌体结构检验批质量验收记录》。

表 2-51　砖砌体工程检验批质量验收记录表

单位(子单位)工程名称		工程名称		分项工程名称	
施工单位		项目负责人		检验批容量	
分包单位		分包单位项目负责人		检验批部位	

单位(子单位)工程名称				工程名称		分项工程名称		

施工依据					验收依据			

验收项目			设计要求及规范规定	最小/实际抽样数量	检查记录	检查结果
主控项目	1	砖强度等级必须符合设计要求	设计要求 MU10			
	2	砂浆强度等级必须符合设计要求	设计要求 M7.5			
	3	砂浆饱满度	墙水平灰缝	≥80%			
			柱水平及竖向灰缝	≥90%			
	4	转角、交接处	5.2.3条			
		斜槎留置	5.2.3条			
	5	直槎拉结钢筋及接槎处理	5.2.4条			
一般项目	1	组砌方法	5.3.1条			
	2	水平灰缝厚度	8～12 mm			
	3	竖向灰缝宽度	8～12 mm			
	4	轴线位移	≤10 mm			
	5	基础、墙、柱顶面标高	±15 mm以内			
	6	每层墙面垂直度	≤5 mm			
	7	表面平整度	清水墙柱	≤5 mm			
			混水墙柱	≤8 mm			
	8	水平灰缝平直度	清水墙	≤7 mm			
			混水墙	≤10 mm			
	9	门窗洞口高、宽（后塞口）	±10 mm以内			
	10	外墙上下窗口偏移	≤20 mm			
	11	清水墙游丁走缝	≤20 mm			

施工单位检查结果	专业工长： 项目专业质量检查员： 年　月　日
监理单位验收结论	专业监理工程师： 年　月　日

2.3　建筑工程施工质量验收

课前认知

工程质量验收是工程质量控制的重要环节，其验收结果体现了施工质量水平。工程建设有关各方应按照合同和相关规定，做好工程质量验收工作。建筑工程质量验收应按照检验批、分项工程、分部工程、单位工程的顺序进行。

理论学习

2.3.1　基本规定

(1)施工现场应具有健全的质量管理体系、相应的施工技术标准、施工质量检验制度和综合施工质量水平评定考核制度。

(2)未实行监理的建筑工程，建设单位相关人员应履行监理职责。

(3)建筑工程的施工质量控制应符合下列规定。

1)建筑工程采用的主要材料、半成品、成品、建筑构配件、器具和设备应进行进场检验。凡涉及安全、节能、环境保护和主要使用功能的重要材料、产品，应按各专业工程施工规范、验收规范和设计文件等规定进行复验，并应经监理工程师检查认可。

2)各施工工序应按施工技术标准进行质量控制，每道施工工序完成后，经施工单位自检符合规定后，才能进行下一道工序施工。各专业工种之间的相关工序应进行交接检验，并应记录。

3)对监理单位提出检查要求的重要工序，应经监理工程师检查认可，才能进行下道工序施工。

(4)符合下列条件之一时，可按相关专业验收规范的规定适当调整抽样复验、试验数量，调整后的抽样复验、试验方案应由施工单位编制，并报监理单位审核确认。

1)同一项目中由相同施工单位施工的多个单位工程，使用同一生产厂家的同品种、同规格、同批次的材料、构配件、设备。

2)同一施工单位在现场加工的成品、半成品、构配件用于同一项目中的多个单位工程。

3)在同一项目中，针对同一抽样对象已有检验成果可以重复利用。

(5)当专业验收规范对工程中的验收项目未作出相应规定时，应由建设单位组织监理、设计、施工等相关单位制定专项验收要求。涉及安全、节能、环境保护等项目的专项验收要求应由建设单位组织专家论证。

(6)建筑工程施工质量应按下列要求验收。

1)工程质量验收均应在施工单位自检合格的基础上进行。

2)参加工程施工质量验收的各方人员应具备相应的资格。

3)检验批的质量应按主控项目和一般项目验收。

4)对涉及结构安全、节能、环境保护和主要使用功能的试块、试件及材料，应在进场时或施工中按规定进行见证检验。

5)隐蔽工程在隐蔽前应由施工单位通知监理单位验收并形成验收文件，且在验收合格后，方可继续施工。

6)对涉及结构安全、节能、环境保护和使用功能的重要分部工程，应在验收前按规定进行抽样检验。

7)工程的观感质量应由验收人员现场检查，并应共同确认。

(7)建筑工程施工质量验收合格应符合下列规定：

1)符合工程勘察、设计文件的要求。

2)符合相关标准和相关专业验收规范的规定。

(8)检验批的质量检验，可根据检验项目的特点在下列抽样方案中选取。

1)计量、计数或计量计数的抽样方案。

2)一次、二次或多次抽样方案。

3)对重要的检验项目，当有简易快速的检验方法时，选用全数检验方案。

4)根据生产连续性和生产控制稳定性情况采用调整型抽样方案。

5)经实践证明有效的抽样方案。

(9)检验批抽样样本应随机抽取，满足分布均匀、具有代表性的要求，抽样数量应符合有关专业验收规范的规定。当采用计数抽样时，检验批量最小抽样数量应符合表 2-52 的要求。

表 2-52　检验批最小抽样数量

检验批的容量	最小抽样数量	检验批的容量	最小抽样数量
2~15	2	151~280	13
16~25	3	281~500	20
26~90	5	501~1200	32
91~150	8	1 201~3 200	50

2.3.2　建筑工程质量验收的划分

(1)建筑工程施工质量验收应划分为单位工程、分部工程、分项工程和检验批。

(2)单位工程应按下列原则划分。

1)具备独立施工条件并能形成独立使用功能的建筑物或构筑物为一个单位工程。

2)对规模较大的单位工程，可将其能形成独立使用功能的部分划分为一个子单位工程。

(3)分部工程应按下列原则划分。

1)可按专业性质、工程部位确定。

2)当分部工程较大或较复杂时，可按材料种类、施工特点、施工程序、专业系统及类别将分部工程划分为若干子分部工程。

3)分项工程可按主要工种、材料、施工工艺、设备类别划分。

(4)检验批可根据施工、质量控制和专业验收的需要，按工程量、楼层、施工段、变形缝进行划分。

(5)施工前，应由施工单位制定分项工程和检验批的划分方案，并由监理单位审核。对于相关专业验收规范未涵盖的分项工程和检验批，可由建设单位组织监理、施工等单位协商确定。

(6)室外工程可根据专业类别和工程规模按规范要求的规定划分子单位工程、分部工程和分项工程。

2.3.3 建筑工程质量验收

（1）检验批质量验收合格应符合下列规定。

1）主控项目的质量经抽样检验均应合格。

2）一般项目的质量经抽样检验合格。当采用计数抽样时，合格点率应符合有关专业验收规范的规定，且不得存在严重缺陷。对于计数抽样的一般项目，正常检验一次、二次抽样可按《建筑工程施工质量验收统一标准》(GB 50300—2013)附录 D 进行判定。

3）具有完整的施工操作依据、质量验收记录。

（2）分项工程质量验收合格应符合下列规定。

1）所含检验批的质量均应验收合格。

2）所含检验批的质量验收记录应完整。

（3）分部工程质量验收合格应符合下列规定。

1）所含分项工程的质量均应验收合格。

2）质量控制资料应完整。

3）有关安全、节能、环境保护和主要使用功能的抽样检验结果应符合相应的规定。

4）观感质量应符合要求。

（4）单位工程质量验收合格应符合下列规定。

1）所含分部工程的质量均应验收合格。

2）质量控制资料应完整。

3）所含分部工程中有关安全、节能、环境保护和主要使用功能的检验资料应完整。

4）主要使用功能的抽查结果应符合相关专业验收规范的规定。

5）观感质量应符合要求。

（5）建筑工程施工质量验收记录应按规范要求填写。

（6）当建筑工程施工质量不符合要求时，应按下列规定处理。

1）经返工或返修的检验批，应重新进行验收。

2）经有资质的检测机构检测鉴定能够达到设计要求的检验批，应予以验收。

3）经有资质的检测机构检测鉴定达不到设计要求、但经原设计单位核算认可能够满足安全和使用功能的检验批，可予以验收。

4）当经返修或加固处理的分项、分部工程，满足安全及使用功能要求时，可按技术处理方案和协商文件的要求予以验收。

（7）工程质量控制资料应齐全完整。当部分资料缺失时，应委托有资质的检测机构按有关标准进行相应的实体检验或抽样试验。

（8）经返修或加固处理仍不能满足安全或重要使用要求的分部工程及单位工程，严禁验收。

2.3.4 建筑工程质量程序和组织

（1）检验批应由专业监理工程师组织施工单位项目专业质量检查员、专业工长等进行验收。

（2）分项工程应由专业监理工程师组织施工单位项目专业技术负责人等进行验收。

（3）分部工程应由总监理工程师组织施工单位项目负责人和项目技术负责人等进行验收。

（4）勘察、设计单位项目负责人和施工单位技术、质量部门负责人应参加地基与基础分部工程的验收。

（5）设计单位项目负责人和施工单位技术、质量部门负责人应参加主体结构、节能分部工程的验收。

（6）单位工程中的分包工程完工后，分包单位应对所承包的工程项目进行自检，并应按标准规定的程序进行验收。验收时，总包单位应派人参加。分包单位应将所分包工程的质量控制资料整理完整，并移交给总包单位。

（7）单位工程完工后，施工单位应组织有关人员进行自检。

（8）总监理工程师应组织各专业监理工程师对工程质量进行竣工预验收。当存在施工质量问题时，应由施工单位整改。整改完毕后，由施工单位向建设单位提交工程竣工报告，申请工程竣工验收。

（9）建设单位收到工程竣工报告后，应由建设单位项目负责人组织监理、施工、设计、勘察等单位项目负责人进行单位工程验收。

技能测试

1. 填空题

(1)建筑工程质量验收应按照_____、_____、_____、_____的顺序进行。

(2)未实行监理的建筑工程，_____相关人员应履行监理职责。

(3)对于建筑工程采用的主要_____、_____、_____、_____、_____和_____，应进行进场检验。

(4)各专业工种之间的相关工序应进行_____，还应_____。

(5)工程质量验收均应在施工单位_____的基础上进行。

(6)参加工程施工质量验收的各方人员应具备相应的_____。

2. 选择题

(1)具备独立施工条件并能形成独立使用功能的建筑物或构筑物为一个(　　)。

　　A. 分部工程　　　　B. 检验批　　　　C. 分项工程　　　　D. 单位工程

(2)分项工程可按(　　)划分。

　　A. 主要工种　　　　B. 材料　　　　C. 施工工艺　　　　D. 设备类别

(3)分部工程质量验收合格应满足的规定是包括(　　)。

　　A. 所含分项工程的质量均应验收合格

　　B. 质量控制资料应完整

　　C. 有关安全、节能、环境保护和主要使用功能的抽样检验结果应符合相应规定

　　D. 观感质量应符合要求

任务工单

1. 任务背景

建筑工法楼地下室内①/Ⓐ轴线上框架柱采用粘贴碳纤维加固，③/Ⓑ轴线上框架柱采用钢板套加固，加固后的柱梁承载力满足要求。

2. 任务及要求

(1)学习构件加固的相关知识，并对不同的加固方法进行总结。

(2)讨论：对于经加固后的梁、柱应如何组织验收。

3. 任务成果

书面表述，格式不限。

项目 3　工程质量事故预防及处理

1. 了解建筑工程质量事故的分类；掌握工程质量事故的一般原因。
2. 掌握建筑工程施工质量事故的预防。
3. 掌握施工质量问题和质量事故的处理。

1. 能够发现工程中的质量问题，采取有效措施，以防止质量事故的发生。
2. 能够在发生质量事故后进行正确处理。

对质量事故的高度警觉性，来自坚实的专业基础，在工作中要能敏锐地觉察到各类事故征兆，并作出及时、正确的处理，同时要树立强烈的质量责任意识，养成未雨绸缪的工作习惯。

3.1　工程质量事故预防

课前认知

凡是质量达不到国家规定标准要求的工程，必须进行返修、加固或报废，造成直接经济损失在 5 000 元（含5 000元）以上的，称为质量事故；经济损失不足5 000元者，称为工程质量问题。

"缺陷"是指建筑工程中经常发生的和普遍存在的一些工程质量问题。工程质量缺陷不同于质量事故，但是质量事故开始时往往表现为一般质量缺陷并常被忽视。随着建筑物的使用或时间的推移，质量缺陷逐渐发展，就有可能演变为事故，待认识到问题的严重性时，往往已经无法补救。因此，对质量缺陷等均应认真分析并找出原因，从而进行必要的处理。

📖 理论学习

3.1.1　建筑工程质量事故的分类

建筑工程项目的建设，具有综合性、可变性、多发性等特点，导致建筑工程质量事故更具复杂性，工程质量事故的分类方法有很多种。

(1)依据事故发生的阶段划分，可分为施工过程中发生的事故，使用过程中发生的事故，改建扩建、发生的事故。

(2)依据事故发生的部位划分，可分为地基基础事故、主体结构事故、装修工程事故等。

(3)依据结构类型，可分为砌体结构事故、混凝土结构事故、钢结构事故、组合结构事故。

(4)依据事故的严重程度划分，可分为一般事故、重大事故、特别重大事故。一般事故是指补救中经济损失一次在 100 元以上，10 万元以下或人员重伤 2 人以下，且无人员死亡的事故；重大事故是指在工程建设过程中，由于责任过失造成工程倒塌、报废、机械设备毁坏、人员伤亡或重大经济损失的事故，具体现象如下：建筑物、构筑物或其他主要结构倒塌者；超过规范规定的基础不均匀沉降、建筑倾斜、结构开裂、主体结构强度严重不足，影响结构安全和建筑物使用寿命，造成不可补救的永久性缺陷者；影响建筑设备及相应系统的使用功能(如漏雨、变形过大、隔热隔声效果不好等)，造成永久性缺陷者；一次性返工达到一定数额者。重大工程质量事故可分为以下四个等级：

1)死亡 30 人以上，或直接经济损失 300 万元以上为一级重大事故。

2)死亡 10 人以上、29 人以下，或直接经济损失 100 万元以上，不满 300 万元为二级重大事故。

3)死亡 3 人以上、9 人以下，或重伤 20 人以上；或直接经济损失 30 万元以上，不满 100 万元为三级重大事故。

4)死亡 2 人以下，或重伤 3 人以上、19 人以下；或直接经济损失 10 万元以上，不满 30 万元为四级重大事故。

超过以上规定者为特别重大事故。

3.1.2　工程质量事故的一般原因

造成工程质量事故发生的原因是多方面的、复杂的，既有经济和社会的原因，也有技术的原因，归纳起来可分为以下几个方面。

1. 违背基本建设程序

基本建设程序是工程项目建设活动规律的客观反映，是我国经济建设经验的总结。《建设工程质量管理条例》明确指出，从事建设工程活动，必须严格执行基本建设程序，坚持先勘察、后设计、再施工的原则。县级以上人民政府及其有关部门不得超越权限审批建设项目或擅自简化基本建设程序。但是，在具体的建设过程中，违反基本建设程序的现象屡禁不止，如"七无"工程：无立项、无报建、无开工许可、无招投标、无资质、无监理、无验收，"三边"工程：边勘察、边设计、边施工。另外，腐败及地方保护现象也是造成工程质量事故的原因之一。

2. 工程地质勘察失误或地基处理失误

地质勘察过程中钻孔间距太大，不能反应实际地质情况，勘察报告不准确、不详细，未能查明诸如孔洞、墓穴、软弱土层等地层特征，致使地基基础设计时采用不正确的方案，造成地基不均匀沉降、结构失稳、上部结构开裂甚至倒塌。

3. 设计问题

结构方案不正确，计算简图与结构实际受力不符；荷载或内力分析计算有误；忽视构造要求，沉降缝、伸缩缝设置不符合要求；有些结构的抗倾覆、抗滑移未作验算；有的盲目套用图纸，这些是导致工程事故的直接原因。

4. 施工过程中的问题

施工管理人员及技术人员的素质差是造成工程质量事故的又一个主要原因。其主要表现在以下几个方面：

(1)缺乏基本的业务知识，不具备上岗操作的技术资质，盲目蛮干。

(2)不按照图纸施工，不遵守会审纪要、设计变更及其他技术核定制度和管理制度，主观臆断。

(3)施工管理混乱，施工组织、施工工艺技术措施不当，违章作业。不重视质量检查及验收工作，一味赶进度，赶工期。

(4)建筑材料及制品质量低劣，使用不合格的工程材料、半成品、构件等，必然会导致质量事故的发生。

(5)施工中忽视结构理论问题，如不严格控制施工荷载，造成构件超载开裂；不控制砌体结构的自由高度(高厚比)，造成砌体在施工过程中失稳破坏；模板与支架、脚手架设置不当发生破坏等。

5. 自然条件影响

建筑施工露天作业多，受自然因素的影响较大，如暴雨、雷电、大风及气温高低等都会对工程质量造成很大的影响。

6. 建筑物使用不当

有些建筑物在使用过程中需要改变其使用功能，增大使用荷载；或者需要增加使用面积，在原有建筑物上部增层改造；或者随意凿墙开洞，削弱承重结构的截面面积等，这些都超出了原设计规定，埋下了工程事故的隐患。

3.1.3 施工质量事故的预防

建立健全施工质量管理体系和加强施工质量控制就是为了预防施工质量问题和质量事故，在保证工程质量合格的基础上，不断提高工程质量。所以，施工质量控制的所有措施和方法，都是预防施工质量事故的措施。具体来说，施工质量事故的预防应运用风险管理的理论和方法，从寻找和分析可能导致施工质量事故发生的原因入手，抓住影响施工质量的各种因素和施工质量形成过程的各个环节，采取针对性的预防控制措施。

施工质量事故预防的具体措施如下。

1. 严格按照基本建设程序办事

一是要做好项目可行性论证，不可未经深入的调查分析和严格论证就盲目拍板定案；二是要彻底弄清楚工程地质水文条件方可开工；三是要杜绝无证设计、无图施工；四是要禁止任意修改设计和不按图纸施工；五是工程竣工不进行试车运转、不经验收不得交付使用。

2. 认真做好工程地质勘察

进行地质勘察时，要适当布置钻孔位置和设定钻孔深度。钻孔间距过大，不能全面反映地基实际情况；钻孔深度不够，难以查清楚地下软土层、滑坡、墓穴、孔洞等有害地质构造。地质勘察报告必须详细、准确，防止因根据不符合实际情况的地质资料而采用错误的基础方案，导致地基不均匀沉降、失稳，使上部结构及墙体开裂、破坏、倒塌。

3. 科学地加固处理好地基

对软弱土、冲填土、杂填土、湿陷性黄土、膨胀土、岩层出露、岩溶、土洞等不均匀地基要进行科学的加固。要根据不同地基的工程特性，按照地基处理与上部结构相结合使其共同工作的原则，从地基处理与设计措施、结构措施、防水措施、施工措施等方面综合考虑治理。

4. 进行必要的设计审查复核

应请具有合格专业资质的审图机构对施工图进行审查复核，防止因设计考虑不周、结构构造不合理、设计计算错误、沉降缝及伸缩缝设置不当、悬挑结构未通过抗倾覆验算等原因，导致质量事故的发生。

5. 严格把好建筑材料及制品的质量关

要从采购订货、进场验收、质量复验、存储和使用等几个环节，严格控制建筑材料及制品的质量，防止不合格或变质、损坏的材料和制品用到工程中。

6. 对施工人员进行必要的技术培训

要通过技术培训使施工人员掌握基本的建筑结构和建筑材料知识，使其懂得遵守施工验收规范对保证工程质量的重要性，从而在施工中自觉遵守操作规程，不蛮干，不违章操作，不偷工减料。

7. 依法进行施工组织管理

施工管理人员要认真学习、严格遵守国家相关政策、法律法规和施工技术标准，依法进行施工组织管理；施工人员首先要熟悉图纸，对工程的难点和关键工序、关键部位，应编制专项施工方案并严格执行；施工作业必须按照图纸和施工验收规范、操作规程进行；施工技术措施要正确，施工顺序不可弄错，脚手架和楼面不可超载堆放构件与材料；严格按照制度进行质量检查和验收。

8. 做好应对不利施工条件和各种灾害的预案

要根据对当地气象资料的分析和预测，事先针对可能出现的风、雨、高温、严寒、雷电等不利施工条件，制定相应的施工技术措施。另外，还要对不可预见的人为事故和严重自然灾害做好应急预案，还要有相应的人力、物力储备。

9. 加强施工安全与环境管理

许多施工安全和环境事故都会连带发生质量事故，加强施工安全与环境管理，也是预防施工质量事故的重要措施。

技能测试

1. 填空题

(1)施工质量事故的预防，应运用_____的理论和方法，从寻找和分析可能导致施工质量事故发生的原因入手。

(2)工程竣工后，若不进行_____、不经验收不得交付使用。

(3)勘探钻孔间距_____，不能全面反映地基实际情况；钻孔_____不够，难以查清地下的软土层、滑坡、墓穴、孔洞等有害地质构造。

(4)应请具有合格专业资质的_____对施工图进行审查复核。

(5)首先，要做好项目_____，不可未经深入的调查分析和严格论证就盲目拍板定案。

(6)依据发生的部位，事故可分为_____事故、_____事故、_____事故等。

(7)一般事故是指补救中经济损失一次在_____元以上，_____万元以下或者人员重伤2人以下，且无人员死亡的事故。

(8)死亡_____人以上，或直接经济损失_____万元以上为一级重大事故。

(9)死亡_____人以上、_____人以下；或重伤_____人以上；或直接经济损失30万元以上，不满100万元为三级重大事故。

(10)从事建设工程活动，必须严格执行基本建设程序，坚持先_____、后_____、再_____的原则。

2. 选择题

(1)以下属于四级重大事故的情况是(　　)。

　　A. 死亡2人以下，或重伤3人以上、19人以下

　　B. 死亡3人以下，或重伤10人以上、19人以下

　　C. 直接经济损失10万元以上，不满30万元

　　D. 直接经济损失30万元以上，不满50万元

(2)以下属于建筑物使用不当的情况有(　　)。

　　A. 增大使用荷载

　　B. 在原有建筑物上部增层改造

　　C. 随意凿墙开洞

　　D. 精装修

任务工单

1. 任务背景

2022年4月，湖南省长沙市望城区发生一起特别重大的居民自建房倒塌事故，造成54人死亡、9人受伤，导致直接经济损失9 077.86万元。

2. 任务及要求

(1)通过网络等渠道了解上述事故的详情，分析事故发生的原因。

(2)对该事故进行分类。

(3)讨论预防该类事故发生的方法。

3. 任务成果

书面表述，格式不限。

3.2　工程质量事故处理

课前认知

《建筑法》明确规定：任何单位和个人对建筑工程的质量事故、质量缺陷都有权向住房城乡建设主管部门或者其他有关部门进行检举、控告、投诉。对于事故的处理，往往涉及单

位、个人的名誉，也涉及法律责任及经济赔偿等，事故的有关者常常试图减少自己的责任，干扰正常的调查工作。所以，在对事故进行调查、分析时，一定要排除干扰，以法律法规为准绳，以事实为依据，按公正、客观的原则处理。

▣ 理论学习

3.2.1 施工质量事故处理的依据

(1)质量事故的实况资料，包括质量事故发生的时间、地点；质量事故状况的描述；质量事故发展变化的情况；有关质量事故的观测记录、事故现场状态的照片或录像；事故调查组调查研究所获得的第一手资料。

(2)有关合同及合同文件，包括工程承包合同、设计委托合同、设备与器材购销合同、监理合同及分包合同等。

(3)有关的技术文件和档案，主要是有关的设计文件(如施工图纸和技术说明)、与施工有关的技术文件、档案和资料(如施工方案、施工计划、施工记录、施工日志、有关建筑材料的质量证明资料、现场制备材料的质量证明资料、质量事故发生后对事故状况的观测记录、试验记录或试验报告等)。

(4)相关建设法规，主要有《建筑法》《建设工程质量管理条例》和《关于做好房屋建筑和市政基础设施工程质量事故报告和调查处理工作的通知》(建质〔2010〕111号)等与工程质量及质量事故处理有关的法规以及勘察、设计、施工、监理等单位资质管理和从业者资格管理方面的法规，建筑市场管理方面的法规及相关技术标准、规范、规程和管理办法等。

3.2.2 施工质量事故报告和调查处理程序

施工质量事故报告和调查处理程序如图3-1所示。

1. 事故报告

工程质量事故发生后，事故现场有关人员应当立即向工程建设单位负责报告；工程建设单位负责人接到报告后，应于1 h内向事故发生地县级以上人民政府住房城乡建设主管部门及有关部门报告；同时，应按照应急预案采取相应措施。情况紧急时，事故现场有关人员可直接向事故发生地县级以上人民政府住房城乡建设主管部门报告。

事故报告应包括下列内容：

(1)事故发生的时间、地点、工程项目名称、工程各参建单位名称。

(2)事故发生的简要经过、伤亡人数和初步估计的直接经济损失。

(3)对事故原因的初步判断。

(4)事故发生后所采取的措施及事故控制情况。

(5)事故报告单位、联系人及联系方式。

(6)应当报告的其他情况。

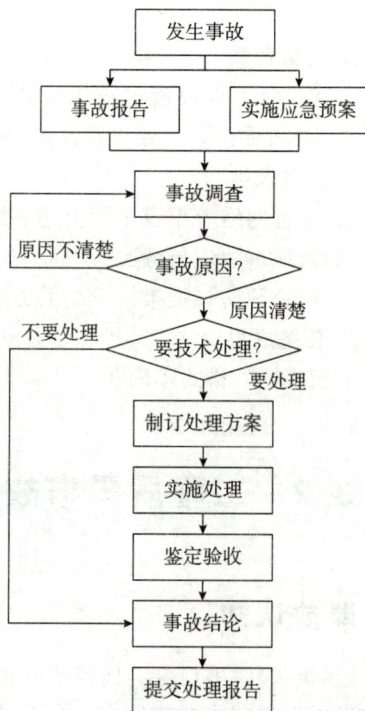

图3-1 施工质量事故报告和调查处理程序

2. 事故调查

事故调查要按规定区分事故的大小，分别由相应级别的人民政府直接或授权委托有关部门组织事故调查组进行调查。未造成人员伤亡的一般事故，县级人民政府也可以委托事故发生单位组织事故调查组进行调查。事故调查应力求及时、客观和全面，以便为事故的分析与处理提供正确的依据。另外，还要将调查结果整理撰写成事故和调查报告，且主要内容应包括以下几项：

(1)事故项目及各参建单位概况。

(2)事故发生经过和事故救援情况。

(3)事故所造成的人员伤亡和直接经济损失。

(4)事故项目有关质量检测报告和技术分析报告。

(5)事故发生的原因和事故性质。

(6)事故责任的认定和事故责任者的处理建议。

(7)事故防范和整改措施。

3. 事故原因分析

事故原因分析要建立在事故情况调查的基础上，避免情况不明就主观推断事故的原因。特别是对涉及勘察、设计、施工、材料和管理等方面的质量事故，事故的原因往往错综复杂，因此，必须对调查所得到的数据、资料进行仔细分析，依据国家有关法律法规和工程建设标准分析事故的直接原因与间接原因，必要时组织对事故项目进行检测鉴定和专家技术论证，去伪存真，找出造成事故的主要原因。

4. 制定处理方案

事故的处理要建立在原因分析的基础上，要广泛地听取专家及有关方面的意见，经科学论证，决定事故是否要进行技术处理和处理。在制定事故处理的技术方案时，应做到安全可靠、技术可行、不留隐患、经济合理、具有可操作性、满足项目的安全和使用功能要求。

5. 事故处理

事故处理的内容包括：事故的技术处理，按经过论证的技术方案进行处理，解决事故造成的质量缺陷问题；事故的责任处罚，依据有关人民政府对事故调查报告的批复和有关法律法规的规定，对事故相关责任者实施行政处罚，负有事故责任的人员涉嫌犯罪的，依法追究其刑事责任。

6. 鉴定验收

质量事故的技术处理是否达到预期的目的，是否依然存在隐患，应当通过检查鉴定和验收作出确认。事故处理的质量检查鉴定，应严格按施工验收规范和相关质量标准的规定进行，必要时还应通过实际量测、试验和仪器检测等方法获取必要的数据，以便准确地对事故处理的结果作出鉴定，形成鉴定结论。

7. 提交处理报告

事故处理后，必须尽快提交完整的事故处理报告，其内容包括事故调查的原始资料、测试的数据；事故原因分析和论证结果；事故处理的依据；事故处理的技术方案及措施；实施技术处理过程中有关的数据、记录、资料；检查验收记录；对事故相关责任者的处罚情况和事故处理的结论等。

3.2.3 施工质量事故处理的基本要求

(1)质量事故的处理应达到安全可靠、不留隐患、满足生产和使用要求、施工方便、经济合理的目的。

(2)消除造成事故的原因，注意综合治理，防止事故再次发生。

(3)正确确定技术处理的范围和正确选择处理的时间和方法。

(4)切实做好事故处理的检查验收工作，认真落实相关防范措施。

(5)确保事故处理期间的安全。

3.2.4　施工质量缺陷处理的基本方法

1. 返修处理

若项目某些部分的质量未达到规范、标准或设计规定的要求，存在一定的缺陷，但经过采取整修等措施后可以达到要求的质量标准，又不影响使用功能或外观的要求，则可采取返修处理的方法。例如，某些混凝土结构表面出现蜂窝、麻面，或者混凝土结构局部出现损伤，如结构受撞击、局部未振实、冻害、火灾、酸类腐蚀、碱骨料反应等，当这些缺陷或损伤仅仅在结构的表面或局部，不影响其使用和外观，可进行返修处理。再如，对混凝土结构出现的裂缝，经分析研究如果其不影响结构的安全和使用功能，也可采取返修处理。当裂缝宽度不大于 0.2 mm 时，可采用表面密封法；当裂缝宽度大于 0.3 mm 时，采用嵌缝密闭法；当裂缝较深时，则应采取灌浆修补的方法。

2. 加固处理

加固处理主要是针对危及结构承载力的质量缺陷的处理。通过加固处理，建筑结构恢复或提高承载力，重新满足结构安全性与可靠性的要求，结构能继续被使用或被改作其他用途。对混凝土结构常用的加固方法主要有增大截面加固法、外包角钢加固法、粘钢加固法、增设支点加固法、增设剪力墙加固法、预应力加固法等。

3. 返工处理

当工程质量缺陷经过返修、加固处理后仍不能满足规定的质量标准要求，或不具备补救可能性，则必须采取重新制作、重新施工的返工处理措施。例如，某防洪堤坝填筑压实后，其压实土的干密度未达到规定值，经核算将影响土体的稳定且不满足抗渗能力的要求，需挖除不合格土，重新填筑，重新施工；某公路桥梁工程预应力按规定张拉系数为1.3，而实际仅为 0.8，属严重的质量缺陷，也无法修补，只能重新制作。再如，某高层住宅施工中，有几层的混凝土结构误用了安定性不合格的水泥，无法采用其他补救办法，不得不爆破拆除重新浇筑。

4. 限制使用

当工程质量缺陷按修补方法处理后无法保证达到规定的使用要求和安全要求，而又无法返工处理时，不得已可作出诸如结构卸荷或减荷及限制使用的决定。

5. 不作处理

某些工程质量问题虽然达不到规定的要求或标准，但其情况不严重，对结构安全或使用功能影响很小，经过分析、论证、法定检测单位鉴定和设计单位等认可后可不作专门处理。一般可不作专门处理的情况有以下几种：

(1)不影响结构安全和使用功能的。例如，有的工业建筑物出现放线定位的偏差，且严重超过规范标准规定，若要纠正，会造成重大经济损失，但经过分析、论证，其偏差不影响生产工艺和正常使用，对外观也无明显影响，可不作处理。又如，某些部位的混凝土表面的裂缝，经检查分析，属于表面养护不够的干缩微裂，也不影响安全和外观，也可不作处理。

(2)后道工序可以弥补的质量缺陷。例如，由于混凝土结构表面的轻微麻面，可通过后续的抹灰、刮涂、喷涂等弥补，也可不作处理。再如，混凝土现浇楼面的平整度偏差达到10 mm，但由于后续垫层和面层的施工可以弥补，所以也可不处理。

（3）法定检测单位鉴定合格的。例如，某检验批混凝土试块强度值不满足相关规范要求，强度不足，但经法定检测单位对混凝土实体强度进行实际检测，其实际强度达到规范允许和设计要求值时，可不作处理。对经检测未达到要求值，但与要求值相差不多的，经分析论证，只要使用前经再次检测达到设计强度，也可不作处理，但应严格控制施工荷载。

（4）出现的质量缺陷，经检测鉴定达不到设计要求，但经原设计单位核算，仍能满足结构安全和使用功能的。例如，某一结构构件截面尺寸不足，或材料强度不足，影响结构承载力，但按实际情况进行复核验算后仍能满足设计要求的承载力时，可不进行专门处理。这种做法实际上是在挖掘设计潜力或降低设计的安全系数，应谨慎处理。

6. 报废处理

对于出现质量事故的项目，应通过分析或实践，采取上述处理方法后仍不能满足规定的质量要求或标准，则必须进行报废处理。

技能测试

1. 填空题

（1）任何单位和个人对建筑工程质量事故、质量缺陷都有权向住房城乡建设主管部门或者其他有关部门进行_____、_____和_____。

（2）工程质量事故发生后，事故现场有关人员应当立即向_____负责报告。

（3）工程建设单位负责人接到报告后，应于_____内向事故发生地_____级以上人民政府住房城乡建设主管部门及有关部门报告。

（4）_____时，事故现场有关人员可直接向事故发生地县级以上人民政府住房城乡建设主管部门报告。

（5）未造成人员伤亡的_____事故，县级人民政府也可以委托事故发生单位组织事故调查组进行调查。

（6）出现质量事故的项目，通过分析或实践，采取处理后仍不能满足规定的质量要求或标准，则必须进行_____处理。

2. 选择题

（1）以下不属于混凝土结构常用的加固方法的是（　　）。

    A. 增大截面加固法   B. 外包角钢加固法

    C. 粘钢加固法   D. 原位拆除法

（2）以下可以通过返修处理的情况是（　　）。

    A. 混凝土结构表面出现蜂窝、麻面

    B. 混凝土结构局部出现损伤

    C. 混凝土局部未振实

    D. 水泥质量不符合要求

任务工单

1. 任务背景

现怀疑工法楼内一根框架柱混凝土强度不符合设计要求，需要进行质量检验。

2. 任务及要求

(1)在工法楼的顶层任选一根框架柱进行检测。

(2)采用回弹仪检测框架柱混凝土强度。

(3)对该框架柱混凝土强度进行评定。

3. 任务成果

根据回弹检测结果填写并提交记录单和计算表,见表 3-1 和表 3-2。

表 3-1 混凝土构件回弹值测量与计算原始记录单

工程名称															
工程地址															
构件编号					构件位置										
设计等级								浇筑日期							
测区	回弹值 R_i												R_m	碳化深度 d_i/mm	
	1	2	3	4	5	6	7	8	9	10	11	12			
1															
2															
3															
...															
测面状态				回弹仪	型号			回弹仪检定证号							
					管理编号			检测人员证号 1							
测试角度					率定值			检测人员证号 2							

表 3-2 构件混凝土强度计算表

项目 \ 测区		1	2	3	4	5	6	7	8	9	10
回弹值	测区平均值										
	角度修正值										
	角度修正后										
	浇筑面修正值										
	浇筑面修正后										
碳化深度/mm											
测区强度值/MPa											
比对修正值/MPa											
比对修正后/MPa											
强度计算/MPa											
测区强度换算曲线											
执行标准											
备注:											

检测: 复核: 检测日期:

项目 4 质量控制检验与统计分析

知识目标

1. 了解质量检验的基本知识。
2. 熟悉质量数据的特征值、质量数据波动的特征。
3. 掌握统计调查表法、分层法、因果分析图法、排列图法、直方图法、控制图法、相关图法等质量分析方法。

能力目标

能选择、应用正确的质量分析方法对抽样的产品进行分析与质量检验。

素质目标

1. 培养实事求是、科学严谨的工作态度，树立现代管理意识。
2. 坚守实事求是、科学严谨的原则。只有在真实的数据和事实基础上做出决策，才能够确保工作的有效性和可靠性。这种科学、严谨的工作态度，不仅体现在对待数据的精确度上，更贯穿于整个工作流程的始终，确保每一步都经过深思熟虑和仔细验证。同时，我们还应深入理解现代管理的核心理念，如效率、创新、协作等，并将其应用到实际工作中。

4.1 质量检验与抽样

课前认知

质量检验就是对产品的一项或多项质量特性进行观察、测量、试验，并将结果与规定的质量标准进行比较，从而判断每项质量特性合格与否的一种活动。质量检验的基本任务就是按程序和相关文件规定对产品形成的全过程包括原材料进货、作业过程、产品实现的各阶段、各过程的产品质量，依据技术标准、图样、作业文件的技术要求进行质量符合性检验，以确认是否符合规定的质量要求；对检验确认符合规定质量要求的产品给予接受、放行、交付，并出具检验合格凭证；对检验确认不符合规定质量要求的产品按程序实施不合格品控制，即剔除、标志、登记并有效隔离不合格品。

4.1.1 质量检验的作用和条件

1. 把关作用

把关也称为质量保证职能，是质量检验最基本的作用。工程施工是一个很复杂的过程，人、机械、材料、施工方法、环境等要素都可能对其产生影响，各个工序不可能处于绝对的稳定状态，质量特性的波动客观存在。只有通过质量检验，实行严格把关，做到不合格的原材料不投产，不合格的设备不安装，不合格的半成品不进入下一道工序，不合格的工程不投入使用，才能真正保证工程质量。尽管随着生产技术和管理工作的完善，可以减少检验工作量，但检验工作是不可取代的。

2. 预防作用

质量检验不仅起着把关作用，而且起着预防作用，具体表现在：对原材料、半成品、前道工序的把关检验，对后续的生产过程起到预防的作用；通过检验收集到的数据，可进行工序能力测定，绘制控制图，如发现工序能力不足或生产过程出现异常，能及时采取技术、组织措施提高工序能力，消除异常状态，预防不合格品的产出。

3. 报告作用

报告作用也称为信息反馈作用，为了使各级管理者及时掌握生产过程中的质量状态，评价和分析质量体系的有效性，质量检验部门必须将检验结果（特别是计算所得的指标）以报告的形式反馈给有关管理部门，以便其做出正确的评价和决策。

4. 改进作用

通过对检验收集的数据进行分析，找出质量问题发生的主要原因，提出改进措施，使质量不断提高。

质量检验是质量管理不可缺少的一项工作，它要求企业必须具备三个方面的条件：足够数量的、符合要求的检验人员，可靠、完善的检测手段，明确、清晰的检验标准。

4.1.2 质量检验的步骤

(1)根据产品技术标准明确检验项目和各个项目质量要求。

(2)采用适当的方法和手段，借助一般量具或使用机械、电子仪器设备等测定产品。

(3)把测试得到的数据同标准和规定的质量要求相比较。

(4)根据比较的结果，判断单个产品或批量产品是否合格。

(5)记录所得到的数据，并将判定结果反馈给有关部门。

4.1.3 质量检验的主要管理制度

我国在长期质量管理实践中，已经形成了一套行之有效的质量检验的管理原则和制度，如三检制、重点工序双岗制、留名制、质量复查制、追溯制、质量统计和分析制、不合格品管理制、质量检验考核制等。下面重点介绍三检制。

三检制是指操作者的自检、工人之间的互检和专职检验人员的专检相结合的一种检验制度，分为自检、互检和专检。

1. 自检

自检是指生产者对自己所生产的产品，按照图纸、工艺和合同中规定的技术标准自行检验，并就产品是否合格做出判断。这种检验充分体现了生产工人必须对自己生产的产品质量负责的原则。通过自我检验，生产者也能充分了解自己生产的产品在质量上存在的问题，寻找出现问题的原因，进而采取改进措施。这也是工人参与质量管理的一种重要形式。

2. 互检

互检就是生产工人之间相互进行检验，主要有下道工序对上道工序的半成品进行抽检；同一施工工序交接班时进行相互检验；小组质量员或班组长对本小组工人的产品进行抽检等。

3. 专检

专检就是由专业检验人员进行的检验。专职检验人员对产品的技术要求、工艺知识和检验技能都比生产工人熟练，所用检测仪器也较为精密，检验结果相对可靠，检验效率也比较高。

4.1.4 全数检验和抽样检验

质量检验可以按不同的标准进行分类：按检验后检验对象的完整性，可分为破坏性检验和非破坏性检验；按生产过程，可分为进场检验、工序检验和完工检验；按供需关系，分为第一方检验、第二方检验和第三方检验；按检验目的，可分为生产检验、验收检验、监督检验、验证检验和仲裁检验；按检验的数量，可分为全数检验和抽样检验。

全数检验即全面逐个检查产品批的每个单位产品质量，将所有产品分成合格品或不合格品。全数检验适用于检查费用低、检查项目少、非破坏性检验、绝对不允许存在不合格品的情况。

全数检验在批量生产中不但浪费人力、物力，而且难免发生错检、漏检；另外，有些产品需要进行破坏性检验，如钢筋的强度、灯泡的寿命等，无法进行全数检验。这时，从产品批中抽取部分或少数的单位产品做质量检验，然后根据统计理论对产品的质量进行分析估计，判断产品批的质量，称为抽样检验，即从产品批中抽取部分或少数样品作为检验样品称为抽样。抽样检验适用于产品数量多、连续生产、破坏性检验、允许有某种程度的不合格品存在、检验时间长、费用高的情况。

抽样检验时的"一批产品"称为总体（母体），组成总体（母体）的单位产品的数量称为批量，习惯用符号 N 表示；抽出来检查的部分称为样本，样本中包含的单位产品数量称为样本容量，习惯用 n 表示。

单位产品数量根据实施抽样检查的需要而划分。单位产品不符合产品技术标准、工艺文件、图纸所规定的技术要求即构成缺陷。有一个或一个以上缺陷的单位产品称为不合格品。

技能测试

1. 填空题

(1)质量检验就是对产品的一项或多项质量特性进行_____、_____、_____，并将结果与规定的质量标准进行比较，判断每项质量特性合格与否的一种活动。

(2)对检验确认符合规定质量要求的产品给予_____、_____、_____。

(3)报告作用也称为_____作用。

(4)质量检验要求企业必须具备足够数量的、符合要求的_____，可靠、完善的

93

_____，明确、清晰的_____。

（5）三检制是指操作者的_____、工人之间的_____和专职检验人员的_____相结合的一种检验制度。

（6）质量检验按检验后检验对象的完整性分为_____检验、_____性检验。

2. 选择题

（1）质量检验按检验目的可分为(　　)。

  A. 生产检验　　　　　　　　　　B. 验收检验

  C. 第三方检验　　　　　　　　　D. 仲裁检验

（2）全数检验适用情况包括(　　)。

  A. 检查费用低　　　　　　　　　B. 检查项目少

  C. 非破坏性检验　　　　　　　　D. 绝对不允许存在不合格品

任务工单

1. 任务背景

某框架-剪力墙结构办公楼主体结构施工已完成，施工单位自行检查评定合格后申请验收。由监理工程师组织施工单位项目负责人及施工员进行验收，验收小组查验了相关控制资料，并对拆模后的主体结构进行了现场检查验收。

2. 任务及要求

查阅《混凝土结构工程施工质量验收规范》(GB 50204—2015)及《建筑工程施工质量验收统一标准》(GB 50300—2013)中的相关条款，指出上述背景中的验收程序存在的问题，简述主体结构验收应符合的规定以及主体结构构件现场检查数量的相关规定。

3. 任务成果

书面作答。

4.2　质量统计分析

课前认知

统计质量管理是 20 世纪 30 年代发展起来的科学管理理论与方法，它将数理统计方法应用于产品生产过程的抽样检验，通过研究样本质量特性数据的分布规律，分析和推断生产过程质量的总体状况，改变了传统的事后把关的质量控制方式，为工业生产的事前质量控制和过程质量控制提供了有效的科学手段。它的作用和贡献使之成为质量管理历史上一个阶段性的标志，至今仍是质量管理不可缺少的工具。因此可以说，没有数理统计方法就没有现代工业质量管理。

理论学习

4.2.1　质量数据的统计推断原理

数据是质量控制的基础，质量管理的一个重要原则是"一切用数据说话"。质量数据的统计分析就是将收集的工程质量数据进行整理，发现存在的质量问题，经过统计分析找出规律，进一步分析影响质量的原因，以便采取相应的对策与措施，使工程质量处于受控状态。

在生产稳定的、正常的条件下，质量数据的特征值具有双重性，即波动性与统计规律性。质量数据在平均值附近波动，一般呈现正态分布。

质量数据的统计推断就是运用质量统计方法在生产过程中（工序活动中）或一批产品中，通过对样本的检测，获得样本质量数据信息，以概率论和数理统计原理为基础，对总体的质量状况作出分析和判断，如图 4-1 所示。

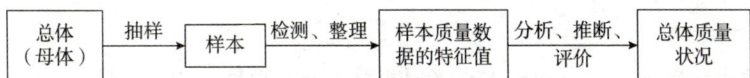

总体（母体） ——抽样→ 样本 ——检测、整理→ 样本质量数据的特征值 ——分析、推断、评价→ 总体质量状况

图 4-1　质量统计推断原理

4.2.2　质量数据的特征值

统计推断就是根据样本的数据特征值来分析、判断总体的质量状况。常用的样本质量特征值有均值 $\bar{x}$、中位数 $\tilde{x}$、极值 $x_{i\,\max}$ 和 $x_{i\,\min}$、极差 R_i、标准偏差 σ 和 S、变异系数 C_v。

1. 均值 $\bar{x}$

样本的均值又称为样本的算术平均值，它表示数据集中的位置。

$$\bar{x} = \frac{1}{n}(x_1 + x_2 + \cdots + x_n) = \frac{1}{n}\sum_{i=1}^{n} x_i \tag{4-1}$$

式中　x_i——第 i 个样品的数值；

　　　n——样品的数量。

2. 中位数 $\tilde{x}$

先将样本中的数据按大小排列，样本为奇数时，中间的一个数即中位数；样本为偶数时，中间两数的平均值即中位数。中位数也表示数据的集中位置，通常用 $\tilde{x}$ 表示。

3. 极值 $x_{i\,\max}$ 和 $x_{i\,\min}$

一个样本中的最大值和最小值称为极值，第 i 个样本的最大值用 $x_{i\,\max}$ 表示；第 i 个样本的最小值用 $x_{i\,\min}$ 表示。

4. 极差 R_i

样本中最大值与最小值之差称为极差，第 i 个样本的极差用 R_i 表示，即

$$R_i = x_{i\,\max} - x_{i\,\min} \tag{4-2}$$

极差永远为正，它表征了数据的分散程度。

5. 标准偏差 σ 和 S

总体的标准偏差用 σ 表示，即

$$\sigma = \sqrt{\frac{\sum\limits_{i=1}^{N}(x_i - \mu)^2}{N}} \tag{4-3}$$

式中　N——总体大小；

　　　μ——总体均值。

样本的标准偏差用 S 表示，即

$$S = \sqrt{\frac{\sum_{i=1}^{n}(x_i - \overline{x})^2}{n}} \quad (n \geqslant 50) \tag{4-4}$$

$$S = \sqrt{\frac{\sum_{i=1}^{n}(x_i - \overline{x})^2}{n-1}} \quad (n < 50) \tag{4-5}$$

式中　n——样本大小；

　　　$\overline{x}$——样本均值。

6. 变异系数 C_v

变异系数表示数据的相对波动大小，即相对的分散程度，用 C_v 表示：

$$C_v = \frac{S}{\overline{x}}（样品）或 C_v = \frac{\sigma}{\mu}（总体） \tag{4-6}$$

式中符号的意义同前。

4.2.3 质量数据波动的特征

1. 质量数据波动的必然性

即使在生产过程稳定、正常的条件下，同一样本内的个体（或产品）的质量数据也不相同。个体（或产品）的差异性表现为质量数据的波动性、随机性。究其原因，产品质量不可避免地受到人员、机械设备、材料、环境、工艺方法等因素的影响，同时这些因素自身也在不断地变化。

2. 质量数据波动的原因

在数理统计上，引起质量数据波动的原因根据对质量的影响程度，可分为偶然性原因和系统性原因。

（1）偶然性原因。偶然性原因即随机性原因。生产过程中存在大量不可避免的、难以测量和控制的或者在经济上不值得消除的因素，这些影响因素变化微小且随机发生，使工程质量产生微小的波动，但这种波动在允许偏差范围内，属于正常的波动，一般不会因此而产生废品。例如，原材料的规格、型号都符合要求，只是材质不均匀；自然条件如温度、湿度的正常微小变化等，都属于偶然性原因。

（2）系统性原因。系统性原因是指一些具有规律性，且对工程质量影响较大的因素，它们会导致质量数据离散性过大，出现产品质量异常波动，产生次品或废品等。系统性原因对质量产生负面影响，在生产过程中应及时监控、识别和处理。例如，工人未遵守操作规程、机械设备发生故障或过度磨损、原材料规格或型号有显著差异等，属于系统性原因。

3. 质量数据波动的规律性

在对大量统计数据的研究中，人们归纳、总结出许多分布类型，如一般计量值数据服从正态分布，计件值数据服从二项分布，计点值数据服从泊松分布等。

当生产处于正常的、稳定的情况下，质量数据具有波动性和统计规律性，一般符合正态分布规律。正态分布曲线如图 4-2 所示。它具有以下特征：

（1）分布曲线对称于 $x = \mu$。

（2）当 $x = \mu$ 时，曲线位于最高点。

（3）曲线下所包围的面积为 1，$\mu \pm 3\sigma$ 所围成的面积为 99.73%。

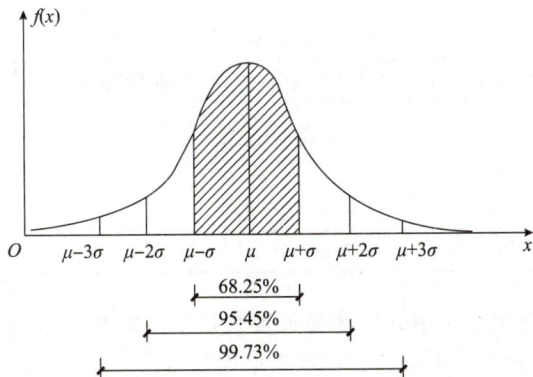

图 4-2　正态分布曲线

总体呈正态分布用 $N(\mu, \sigma^2)$ 表示，σ^2 称为总体的方差；样本呈正态分布用 $N(\overline{x}, S^2)$ 表示，S^2 称为样本的方差。

由数理统计知识可知，总体服从正态分布时，其样本均值的分布也服从正态分布。即使总体不服从正态分布，当样本 $n \geqslant 4$ 时，样本均值的分布也接近于正态分布。在分析质量问题时，只要样本足够大，都可近似地按正态分布来处理。

4.2.4　质量分析方法

1. 统计调查表法

统计调查表法又称为统计调查分析法，是利用专门设计的统计表对质量数据进行收集、整理和粗略分析质量状态的一种方法。

在质量控制活动中，利用统计调查表收集数据，简便灵活，便于整理且实用、有效。它没有固定格式，可根据需要和具体情况设计出不同的统计调查表。常用的统计调查表有以下几种：

(1)分项工程作业质量分布调查表。

(2)不合格项目调查表。

(3)不合格原因调查表。

(4)施工质量检查评定用调查表等。

应当指出，统计调查表法往往同分层法结合起来应用，可以更好、更快地找出问题的原因，以便采取相应的改进措施。

2. 分层法

(1)分层法的基本原理。分层法又称为分类法，是将调查收集的原始数据，根据不同的目的和要求，按某一性质进行分组、整理的分析方法。分层的结果使数据各层之间的差异突出地显示出来，层内的数据差异减少了。在此基础上再进行层间、层内的比较分析，可以更深入地发现和认识产生质量问题的原因。由于产品质量是多方面因素共同作用的结果，因而对同一批数据，可以按不同性质分层，以便从不同角度来考虑、分析产品存在的质量问题和影响因素。

由于项目质量的影响因素众多，对工程质量状况的调查和质量问题的分析，必须分门别类地进行，以便准确有效地找出问题及其原因所在，这就是分层法的基本思想。

例如，一个焊工班组有 A、B、C 三人实施焊接作业，共抽检 60 个焊接点，发现有 18 点不合格，占 30%。究竟问题出在谁身上？根据分层调查的统计数据表(表 4-1)可知，主要是作业工人 C 的焊接质量影响了总体的质量水平。

表 4-1　分层调查的统计数据表

作业工人	抽检点数	不合格点数	个体不合格率	占不合格点总数百分率
A	20	2	10%	11%
B	20	4	20%	22%
C	20	12	60%	67%
合计	60	18	—	100%

（2）分层法的实际应用。应用分层法的关键是调查分析的类别和层次划分，根据管理需要和统计目的，通常可按照以下分层方法取得原始数据：

1）按施工时间分，如月、日、上午、下午、白天、晚间、季节。

2）按地区部位分，如区域、城市、乡村、楼层、外墙、内墙。

3）按产品材料分，如产地、厂商、规格、品种。

4）按检测方法分，如方法、仪器、测定人、取样方式。

5）按作业组织分，如工法、班组、工长、工人、分包商。

6）按工程类型分，如住宅、办公楼、道路、桥梁、隧道。

7）按合同结构分，如总承包、专业分包、劳务分包。

经过第一次分层调查和分析，找出主要问题以后，还可以针对这个问题再次分层进行调查分析，一直到分析结果满足管理需要为止。层次类别划分越明确、越细致，就越能够准确、有效地找出问题及其成因。

3. 因果分析图法

（1）因果分析图的概念。因果分析图法是利用因果分析图来系统整理分析某个质量问题（结果）与其产生原因之间关系的有效工具。因果分析图也称为特性要因图，又因其形状常被称为树枝图或鱼刺图。

（2）因果分析图法的基本原理。因果分析图法的基本原理是对每个质量特性或问题，采用图 4-3 所示的方法，逐层深入排查可能原因，然后确定其中最主要的原因，进行有的放矢的处置和管理。

由图 4-3 可见，因果分析图由质量特性（即质量结果，是指某个质量问题）、要因（是指产生质量问题的主要原因）、枝干（是指用一系列箭线表示不同层次的原因）、主干（是指较粗的直接指向质量结果的水平箭线）等所组成。

（3）因果分析图法的应用示例。图 4-3 表示混凝土强度不合格的原因分析，把混凝土施工的生产要素，即人、机械、材料、施工方法和施工环境作为第一层面的因素进行分析；然后对第一层面的各个因素，再进行第二层面的可能原因的深入分析。以此类推，直至把所有可能的原因，分层次地一一罗列出来。

（4）因果分析图法应用时的注意事项。

1）一个质量特性或一个质量问题使用一张图分析。

2）通常采用 QC（质量控制）小组活动的方式进行，集思广益，共同分析。

3）必要时可以邀请小组以外的有关人员参与，广泛听取意见。

4）分析时要充分发表意见，层层深入，排出所有可能的原因。

5）在充分分析的基础上，由各参与人员采用投票或其他方式，从中选择 1～5 项多数人达成共识的最主要原因。

料　　机　　人

新工人未培训

水泥质量不足　砂石含泥量大　分工不明确　基础知识差

搅拌机失修　图快

水泥过期　未筛洗　振捣器常坏　责任心差　施工未交低

偷懒

混凝土强度不足

不准　计量　养护差

场地太乱　水胶比不准　不宜度　未覆盖

气温太低　振捣太差　坍落度

模板跑浆

配合比不当

环境　　方法

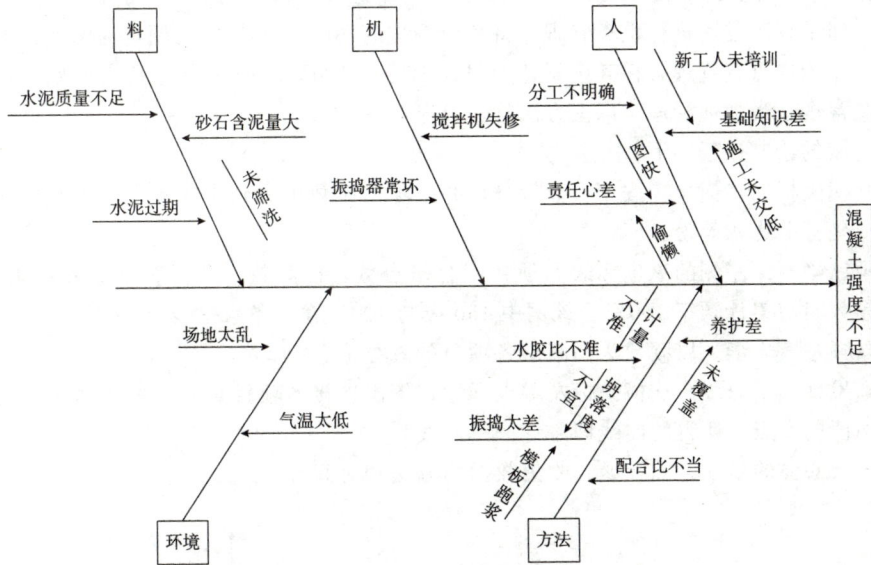

图 4-3　混凝土强度不合格因果分析图

4. 排列图法

（1）排列图法的适用范围。在质量管理过程中，对通过抽样检查或检验试验所得到的关于质量问题、偏差、缺陷、不合格等方面的统计数据，以及造成质量问题的原因分析统计数据，均可采用排列图方法进行状况描述，它具有直观、主次分明的特点。

（2）排列图法的应用示例。表 4-2 表示对某项模板施工精度进行抽样检查，得到 150 个不合格点数的统计数据，然后按照质量特性不合格点数（频数）由大到小的顺序，重新整理为表 4-3，然后分别计算出累计频数和累计频率。

表 4-2　某项模板施工精度的抽样检查数据

序号	检查项目	不合格点数	序号	检查项目	不合格点数
1	轴线位置	1	5	平面水平度	15
2	垂直度	8	6	表面平整度	75
3	标高	4	7	预埋设施中心位置	1
4	截面尺寸	45	8	预留孔洞中心位置	1

表 4-3　重新整理后的抽样检查数据

序号	项目	频数	频率/%	累计频率/%
1	表面平整度	75	50.0	50.0
2	截面尺寸	45	30.0	80.0
3	平面水平度	15	10.0	90.0
4	垂直度	8	5.3	95.3
5	标高	4	2.7	98.0
6	其他	3	2.0	100.0
	合计	150	100	

根据表4-3的统计数据绘制排列图(图4-4),并将其中累计频率为0~80%的问题定为A类问题,即主要问题,进行重点管理;将累计频率为80%~90%的问题定为B类问题,即次要问题,作为次重点管理;将其余累计频率为90%~100%的问题定为C类问题,即一般问题,按照常规适当加强管理。以上方法称为ABC分类法。

排列图的绘制过程如下:

1)画横坐标。将横坐标按项目数等分,并按项目频数由大到小的顺序从左至右排列,该例中的横坐标分为六等份。

2)画纵坐标。左侧的纵坐标表示项目不合格点数,即频数,右侧纵坐标表示累计频率。要求总频数对应累计频率100%。该例中150应与100%在一条水平线上。

3)画频数直方形。以频数为高画出各项目的直方形。

4)画累计频率曲线。从横坐标左端点开始,依次连接各项目直方形右边线及其所对应的累计频率值的交点,所得的曲线即累计频率曲线。

5)记录必要的事项,如标题、收集数据的方法和时间等。

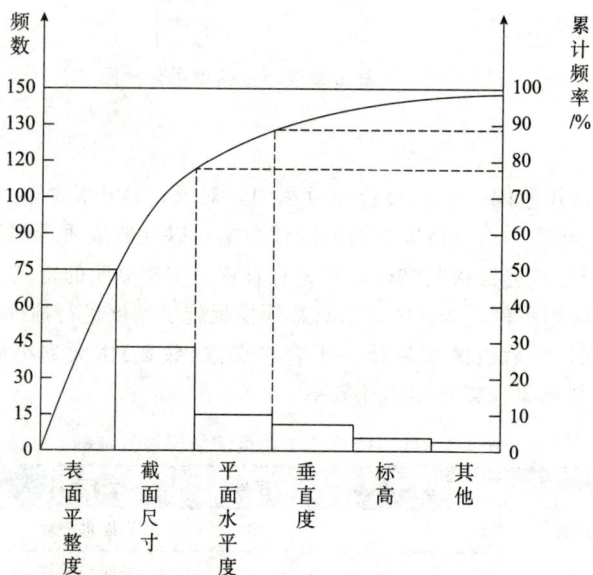

图4-4 构件尺寸不合格点排列图

(3)排列图的观察与分析。

1)观察直方图,大致可以看出各项目的影响程度。排列图中的每个直方形都表示一个质量问题或影响因素。影响程度与各直方形的高度成正比。

2)利用ABC分类法,确定主次因素。接下来,将累计频率曲线按0~80%、80%~90%、90%~100%分为三部分,各曲线下面所对应的影响因素分别为A、B、C三类因素。

该例中,A类即主要因素是表面平整度、截面尺寸(梁、柱、墙板、其他构件),B类即次要因素是水平度,C类即一般因素有垂直度、标高和其他项目。综合上述分析结果可知,应重点解决A类质量问题。

(4)排列图的应用。排列图可以形象、直观地反映主次因素,主要应用如下:

1)按不合格点的内容分类,可以分析出造成质量问题的薄弱环节。

2)按生产作业分类,可以找出生产不合格品最多的关键过程。

3)按生产班组或单位分类,可以分析比较各单位技术水平和质量管理水平。

4)对比采取提高质量措施前后的排列图可以分析相关措施是否有效。

5)用于成本费用分析、安全问题分析等。

5. 直方图法

(1)直方图法的主要用途。直方图法即频数分布直方图法，是将收集到的质量数据进行分组整理，绘制成频数分布直方图，用以描述质量分布状态的一种分析方法，所以又称为质量分布图法。

通过直方图的观察与分析，可了解产品质量的波动情况，掌握质量特性的分布规律，以便对质量状况进行分析判断。同时，可通过质量数据特征值的计算，估算施工生产过程总体的不合格品率，评价过程能力等。

1)整理统计数据，了解统计数据的分布特征，即数据分布的集中或离散状况，从中掌握质量能力状态。

2)观察分析生产过程质量是否处于正常、稳定和受控状态及质量水平是否保持在公差允许的范围内。

(2)直方图法的应用示例。首先是收集当前生产过程质量特性抽检的数据，然后制作直方图进行观察分析，判断生产过程的质量状况和能力。表4-4所示为某工程10组试块的抗压强度数据(50个)，从这些数据很难直接判断其质量状况是否正常、稳定及其受控情况，如将其数据整理后绘制成直方图，就可以根据正态分布的特点进行分析判断，如图4-5所示。

表4-4　数据整理表 　　　　　　　　　　　　　　　　　N/mm²

序号	抗压强度					最大值	最小值
1	39.8	37.7	33.8	31.5	36.1	39.8	31.5
2	37.2	38.0	33.1	39.0	36.0	39.0	33.1
3	35.8	35.2	31.8	37.1	34.0	37.1	31.8
4	39.9	34.3	33.2	40.4	41.2	41.2	33.2
5	39.2	35.4	34.4	38.1	40.3	40.3	34.4
6	42.3	37.5	35.5	39.3	37.3	42.3	35.5
7	35.9	42.4	41.8	36.3	36.2	42.4	35.9
8	46.2	37.6	38.3	39.7	38.0	46.2	37.6
9	36.4	38.3	43.4	38.2	38.0	43.4	36.4
10	44.4	42.0	37.9	38.4	39.5	44.4	37.9

(3)直方图的观察分析。

1)通过分布形状观察分析。

①所谓通过分布形状观察分析，是指将绘制好的直方图形状与正态分布图的形状进行比较分析，一看形状是否相似；二看分布区间的宽窄。直方图的分布形状及分布区间的宽窄是由质量特性统计数据的平均值和标准偏差所决定的。

②正常型直方图呈正态分布，其形状特征是中间高、两边低且对称，如图4-6(a)所示。正常型直方图反映生产过程质量处于正常、稳

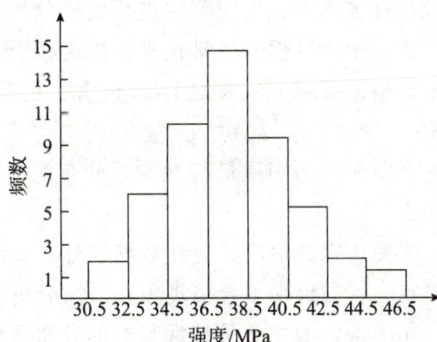

图4-5　混凝土强度分布直方图

定状态。数理统计研究证明，当随机抽样方案合理且样本数量足够大时，若生产能力处于正常、稳定状态，则质量特性检测数据趋于正态分布。

③异常型直方图呈偏态分布，常见的异常型直方图有折齿型、缓坡型、孤岛型、双峰型、峭壁型，如图 4-6(b)～(f)所示。出现异常的原因可能是生产过程存在影响质量的系统因素，或收集整理数据制作直方图的方法不当，要具体分析。

a. 折齿型[图 4-6(b)]，是因分组组数不当或者组距确定不当而出现的。

b. 左(或右)缓坡型[图 4-6(c)]，主要是操作中对上限(或下限)控制太严造成的。

c. 孤岛型[图 4-6(d)]，是原材料发生变化，或者他人临时顶班作业造成的。

d. 双峰型[图 4-6(e)]，是因用两种不同方法或两台设备或两组工人进行生产，然后将两方面数据混在一起整理而产生的。

e. 峭壁型[图 4-6(f)]，是因数据收集不正常，可能有意识地去掉下限以下的数据，或在检测过程中存在某种人为因素而产生的。

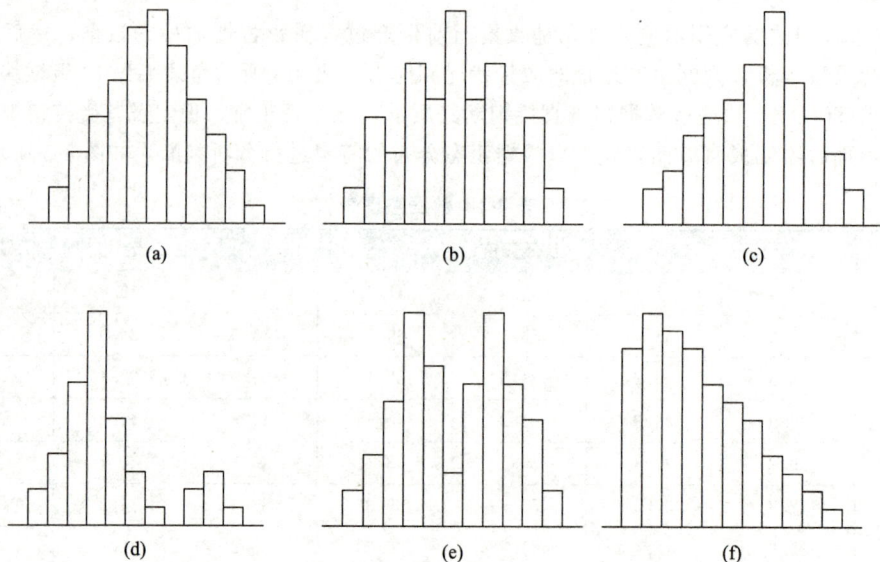

图 4-6　常见的直方图

(a)正常型；(b)折齿型；(c)缓坡型；(d)孤岛型；(e)双峰型；(f)峭壁型

2)通过分布位置观察分析。所谓通过分布位置观察分析，是指将直方图的分布位置与质量控制标准的上、下限范围进行比较分析，如图 4-7 所示。

①在生产过程的质量正常、稳定和受控的同时，还必须在公差标准上、下限范围内达到质量合格的要求。只有这样的正常、稳定和受控才是经济合理的受控状态，如图 4-7(a)所示。

②图 4-7(b)中质量特性数据分布偏下限，易出现不合格现象，因此在管理上必须提高总体能力。

③图 4-7(c)中质量特性数据的分布宽度边界达到质量标准的上、下限，其质量能力处于临界状态，易出现不合格现象，必须分析原因并采取措施。

④图 4-7(d)中质量特性数据的分布居中且边界与质量标准的上、下限有较大的距离，说明其质量能力偏大，不经济。

⑤图 4-7(e)和图 4-7(f)中的数据分布均已出现超出质量标准的上、下限，这些数据说明

生产过程存在质量不合格现象，需要分析原因，采取措施进行纠偏。

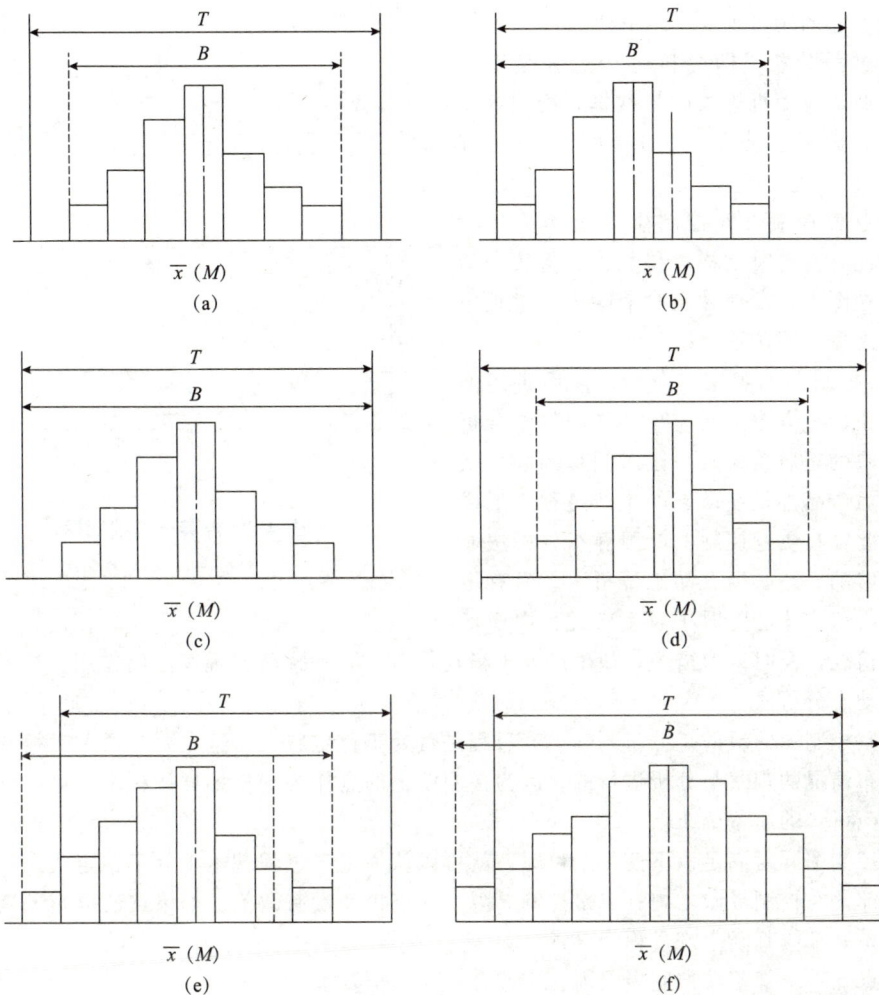

图 4-7 直方图与质量标准的上、下限

6. 控制图法

（1）控制图的基本形式及其用途。控制图又称为管理图，是在直角坐标系内画有控制界限，描述生产过程中产品质量波动状态的图形。利用控制图区分质量波动原因，判明生产过程是否处于稳定状态的方法称为控制图法。

1）控制图的基本形式。控制图如图 4-8 所示。横坐标为样本（子样）序号或抽样时间，纵坐标为被控制对象，即被控制的质量特性值。控制图上一般有三条线：在上面的一条虚线称为上控制界限，用符号 UCL 表示；在下面的一条虚线称为下控制界限，用符号 LCL 表示；中间的一条实线称为中心线，用符号 CL 表示。中心线标志着质量特性值分布的中心位置，上、下控制界限标志着质量特性值允许波动范围。

在生产过程中通过抽样取得数据，把样本统计量描在图上来分析、判断生产过程状态。如果点随机地落在上、下控制界限内，则表明生产过程正常，处于稳定状态，不会产生不合格品；如果点超出控制界限，或点排列有缺陷，则表明生产条件发生了异常变化，生产过程处于失控状态。

2)控制图的用途。控制图是用样本数据来分析判断生产过程是否处于稳定状态的有效工具。它的用途主要有以下两个：

①过程分析，即分析生产过程是否稳定。为此，应随机连续收集数据，绘制控制图，观察数据点分布情况并判定生产过程状态。

②过程控制，即控制生产过程质量状态。为此，要定时抽样取得数据，将其变为点并描在图上，发现并及时消除生产过程中的失调现象，预防不合格品的产生。

（2）控制图的观察与分析。前面讲述的排列图法、直方图法是质量控制的静态分析法，反映的是质量在某一段时间里的静止状态。然而产品都是在动态的生产过程中形成的，因此，在质量控制中单用静态分析法显然是不够的，还必须有动态分析法。只有用动态分析法，才能随时了解生产过程中质量

图 4-8 混凝强度控制图

(a) $\overline{x}$ 控制图；(b)R 控制图

的变化情况，及时采取措施，使生产处于稳定状态，起到预防出现废品的作用。控制图就是典型的动态分析法。

绘制控制图的目的是分析判断生产过程是否处于稳定状态。这主要是通过对控制图上的点的分布情况的观察与分析进行的。因为控制图上的点作为随机抽样的样本，可以反映出生产过程（总体）的质量分布状态。

当控制图同时满足以下两个条件时，就可以认为生产过程基本上处于稳定状态：一是点几乎全部落在控制界限之内；二是控制界限内的点排列没有缺陷。如果点的分布不满足其中任何一条，都应判断生产过程为异常。

1)点几乎全部落在控制界限内，应符合下述三个要求。

①连续 25 点以上处于控制界限内。

②连续 35 点中仅有 1 点超出控制界限。

③连续 100 点中不多于 2 点超出控制界限。

2)点的排列没有缺陷，是指点的排列是随机的，而没有出现异常现象。这里的异常现象是指点排列出现了"链""多次同侧""趋势或倾向""周期性变动""点的排列接近控制界限"等情况，如图 4-9 所示。

①链，是指点连续出现在中心线一侧的现象。出现五点链，应注意生产过程发展状况；出现六点链，应开始调查原因；出现七点链，应判定工序异常，须采取处理措施。

②多次同侧，是指点在中心线一侧多次出现的现象，或称为偏离。下列情况说明生产过程已出现异常：在连续 11 点中有 10 点在同侧；在连续 14 点中有 12 点在同侧；在连续 17 点中有 14 点在同侧；在连续 20 点中有 16 点在同侧。

③趋势或倾向，是指点连续上升或连续下降的现象。连续 7 点或 7 点以上上升或下降排列，就应判定生产过程有异常因素影响，要立即采取措施。

④周期性变动，是指点的排列显示周期性变化的现象。这样，即使所有点都在控制界限内，也应判定生产过程异常。

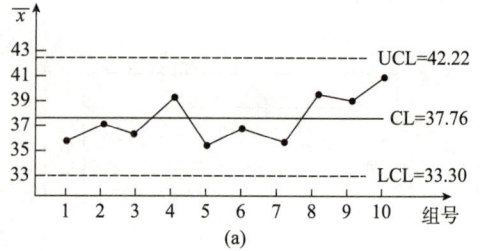

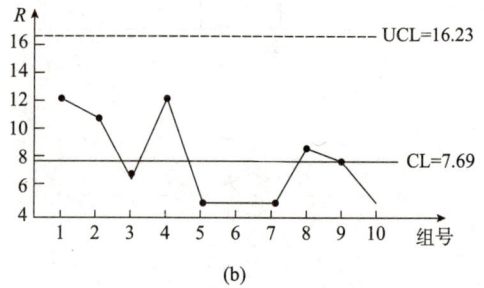

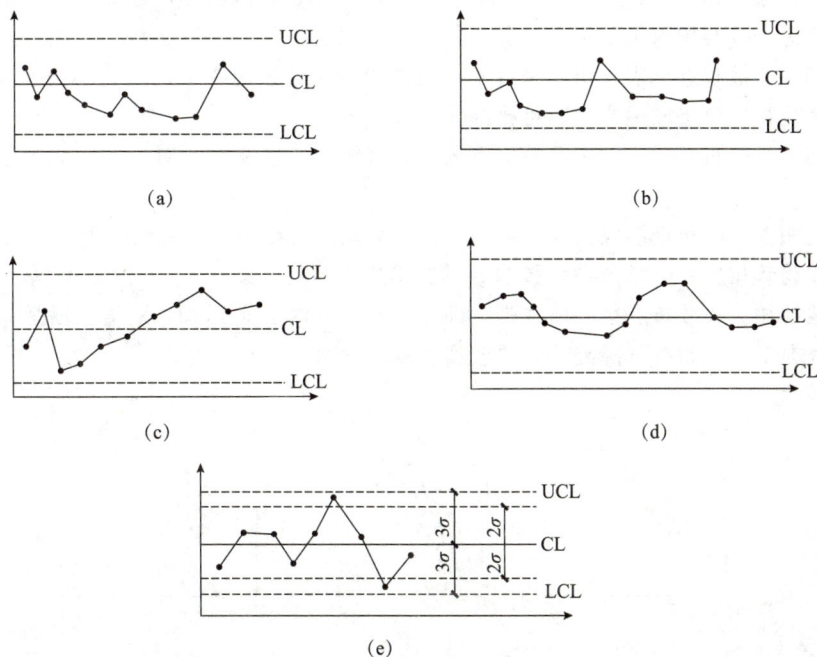

图 4-9　控制图异常现象

(a)链；(b)多次同侧；(c)趋势或倾向；(d)周期性变动；(e)点的排列接近控制界限

⑤点的排列接近控制界限，是指点落在了 $\mu\pm2$ 以外和 $\mu\pm3\sigma$ 以内。如属下列情况应判定为异常：连续 3 点至少有 2 点接近控制界限；连续 7 点至少有 3 点接近控制界限；连续 10 点至少有 4 点接近控制界限。

以上是通过分析用控制图判断生产过程是否正常的准则。如果生产过程处于稳定状态，则把分析用控制图转为管理用控制图。分析用控制图是静态的，而管理用控制图是动态的。随着生产过程的推进，通过抽样取得质量数据，把点描在图上，随时观察点的变化，一是点落在控制界限外或控制界限上，即判断生产过程异常。点即使在控制界限内，也应随时观察其有无缺陷，以对生产过程正常与否作出判断。

7. 相关图法

(1)相关图法的用途。相关图又称为散布图。在质量控制中，相关图是用来显示两种质量数据之间关系的一种图形。质量数据之间的关系多属相关关系，一般有三种类型：一是质量特性和影响因素之间的关系；二是质量特性和质量特性之间的关系；三是影响因素和影响因素之间的关系。

可以用 y 和 x 分别表示质量特性值和影响因素，通过绘制散布图，计算相关系数等，分析研究两个变量之间是否存在相关关系，以及这种关系的密切程度如何，进而对相关程度密切的两个变量中的一个进行观察、控制，从而估计控制另一个变量的数值，以达到保证产品质量的目的。这种统计分析方法称为相关图法。

(2)相关图的观察与分析。相关图中点的集合反映了两种数据之间的散布状况，根据散布状况，可以分析两个变量之间的关系。归纳起来有以下六种类型，如图 4-10 所示。

1)正相关。散布点基本形成由左至右向上变化的一条直线带，即随着 x 值的增加，y 值也相应增加，说明 x 与 y 有较强的制约关系。此时，可通过控制 x 而有效控制 y 的变化。

2)弱正相关。散布点形成向上较分散的直线带，即随着 x 值的增加，y 值也有增加趋势，但 x、y 的关系不像正相关那么明确。这说明 y 除受 x 影响外，还受其他更重要的因素影响。需要进一步利用因果分析图法分析其他影响因素。

3)不相关。散布点形成一团或平行于 x 轴的直线带。这说明 x 的变化不会引起 y 的变化或其变化无规律，分析质量原因时可排除 x 因素。

4)负相关。散布点形成由左至右向下的一条直线带。这说明 x 对 y 的影响与正相关恰恰相关。

5)弱负相关。散布点形成由左至右向下的较分散的直线带。这说明 x 与 y 的相关关系较弱，且变化趋势相反，应考虑寻找影响 y 的其他更重要的因素。

6)非线性相关。散布点呈一曲线带，即在一定范围内 x 值增加，y 值也增加；超过这个范围 x 值增加，y 值则有下降趋势，或改变变动的斜率呈曲线形态。

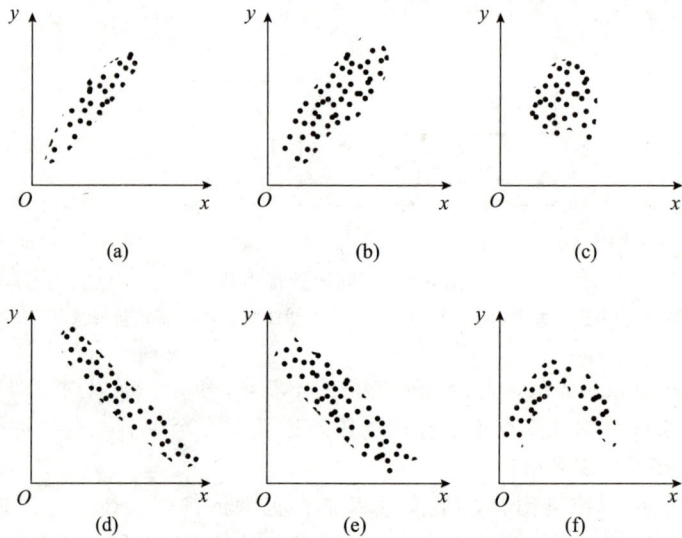

图 4-10　相关图两个变量之间的关系

(a)正相关；(b)弱正相关；(c)不相关；(d)负相关；(e)弱负相关；(f)非线性相关

技能测试

1. 填空题

(1)统计质量管理把_____方法应用于产品生产过程的抽样检验，改变了传统的_____的质量控制方式。

(2)_____是质量控制的基础，质量管理的一个重要原则是"一切用_____说话"。

(3)在生产稳定的、正常的条件下，质量数据的特征值具有_____性，即_____性与_____性。

(4)统计推断就是根据样本的_____来分析、判断总体的质量状况。

(5)个样本中的最大值和最小值称为_____。

(6)样本中最大值与最小值之差称为_____。它表征了数据的_____程度。

2. 选择题

(1) 以下属于偶然性原因的是（　　）。

    A. 温度的正常微小变化   B. 原材料材质不均匀

    C. 原材料不合格   D. 工人误操作

(2) 质量分析方法中又被称为管理图法的是（　　）。

    A. 统计调查表法   B. 分层法

    C. 因果分析图法   D. 控制图法

(3) 质量分析方法中被称为散布图法的是（　　）。

    A. 统计调查表法   B. 相关图法

    C. 因果分析图法   D. 直方图法

📑 任务工单

1. 任务背景

某综合服务中心工程，总建筑面积为 20 533.12 m²，地下一层，地上四层，建筑高度为 23.85 m。本工程外立面采用米白色铝单板幕墙，铝单板用量约为 5 800 m²，铝单板主规格：长 2 m，宽 1.35 m、0.6 m，建筑阳角处采用弧形铝单板，单块弧板最大尺寸：长 1.453 m，宽 1.35 m。

2023 年 4 月至 5 月 1 日，该项目的 QC 小组通过走访公司其他在建项目，采用现场实测实量的方式，对幕墙弧角的施工质量进行了调查，调查对象主要是以铝单板为主的金属幕墙，根据工艺共性点，也将部分石材幕墙的圆弧转角纳入调查范围，共计检查 460 个点，其中有不合格 69 个点。接下来，他们根据不合格情况绘制了质量缺陷统计表，见表 4-5。

表 4-5   铝板幕墙弧角施工质量缺陷统计表

序号	检查项目	频数	频率/%	累计频率/%
1	弧度	31	45	45
2	拼缝宽度	25	36.2	81.2
3	垂直度	7	10.1	91.3
4	平整度	4	5.8	97.1
5	其他	2	2.9	100
	合计	69	100	

2. 任务及要求

根据表 4-5 绘制质量缺陷排列图。

3. 任务成果

得到铝板幕墙弧角施工质量缺陷排列图。

项目 5　建筑工程施工安全管理

知识目标 >>>

1. 了解建筑工程安全管理的目的、特点。
2. 熟悉建筑工程职业健康安全管理的要求。
3. 了解安全技术措施编制要求与内容，施工组织设计的编制与审批，施工组织设计中安全技术措施的编制与实施。
4. 熟悉基础、主体工程施工中的安全管理要点。
5. 熟悉施工现场临时设施的安全管理要求。

能力目标 >>>

能依据相关规范要求，对施工现场的施工进行安全检查和验收。

素质目标 >>>

安全无小事，责任重于山。我们应坚持将安全工作放在首位，恪守安全第一的原则，将安全理念深植于心，不断提高自身的安全责任意识。另外，还要始终保持对安全生产的高度警惕，时刻紧绷安全这根弦，严格按照安全技术规范、安全管理制度开展工作，确保每个环节都符合相关安全要求。

>>> 5.1　职业健康安全管理与制度认知

课前认知

职业健康安全是指影响或可能影响工作场所内的员工或其他工作人员（包括临时工和承包方员工）、访问者或任何其他人员的健康安全的条件和因素。随着人类社会的进步和科技的发展，职业健康安全的问题越来越受关注。为了保证劳动者在生产过程中的健康安全和保护人类的生存环境，必须加强职业健康安全管理。

🔲 **理论学习**

5.1.1 建筑工程职业健康安全管理的目的

职业健康安全管理的目的是在生产活动中，通过职业健康安全生产的管理活动，对影响生产的具体因素进行状态控制，使生产因素中的不安全行为和状态尽可能减少或消除，且不引发事故，以保证生产活动中人员的健康和安全。对于建筑工程项目，职业健康安全管理的目的是防止和尽可能减少生产安全事故、保护产品生产者的健康与安全、保障人民群众的生命和财产免受损失；控制影响或可能影响工作场所内的员工或其他工作人员（包括临时工和承包方员工）、访问者或任何其他人员的健康安全的条件和因素；避免因管理不当对在组织控制下工作的人员健康和安全造成危害。

5.1.2 建筑工程职业健康安全管理的特点

依据建筑工程产品的特性，建筑工程职业健康安全管理具有以下特点。

1. 复杂性

建筑项目的职业健康安全管理涉及大量的露天作业，受到气候条件、工程地质和水文地质、地理条件和地域资源等不可控因素的影响较大。

2. 多变性

一方面，建筑项目现场材料、设备和工具的流动性大；另一方面由于技术进步，项目不断引入新材料、新设备和新工艺，这都加大了相应的管理难度。

3. 协调性

建筑项目涉及的工种甚多，包括大量的高空作业、地下作业、用电作业、爆破作业、施工机械、起重作业等较危险的工程，并且各工种经常需要交叉或平行作业。

4. 持续性

建筑项目一般具有建筑周期长的特点，从设计、实施直至投产阶段，诸多工序环环相扣。前一道工序的隐患，可能在后续的工序中暴露，酿成安全事故。

5.1.3 建筑工程职业健康安全管理的要求

1. 建筑工程项目决策阶段

建筑单位应按照有关建筑工程法律法规的规定和强制性标准的要求，办理各种有关安全与环境保护方面的审批手续。对需要进行环境影响评价或安全预评价的建筑工程项目，应组织或委托有相应资质的单位进行建筑工程项目环境影响评价和安全预评价。

2. 建筑工程设计阶段

设计单位应按照有关建筑工程法律法规的规定和强制性标准的要求，进行环境保护设施和安全设施的设计，防止因设计考虑不周而导致生产安全事故的发生或对环境造成不良影响。

在进行工程设计时，设计单位应当考虑施工安全和防护需要，对涉及施工安全的重点部分和环节在设计文件中应进行注明，并对防范生产安全事故提出指导意见。

对于采用新结构、新材料、新工艺的建筑工程和特殊结构的建筑工程，设计单位应在设计中提出保障施工作业人员安全和预防生产安全事故措施的建议。

在工程总概算中，应明确工程安全环保设施费用、安全施工和环境保护措施费等。

设计单位和注册建筑师等执业人员应当对其设计负责。

3. 建筑工程施工阶段

建设单位在申请领取施工许可证时，应当提供建筑工程有关安全施工措施的资料。对于依法批准开工报告的建筑工程，建筑单位应当自开工报告批准之日起 15 d 内，将保证安全施工的措施报送建筑工程所在地的县级以上人民政府住房城乡建设主管部门或其他有关部门备案。

对于应当拆除的工程，建筑单位应当在拆除工程施工 15 d 前，将拆除施工单位资质等级证明，拟拆除建筑物、构筑物及可能涉及毗邻建筑的说明，拆除施工组织方案，堆放、清除废弃物的措施的资料报送建筑工程所在地的县级以上的地方人民政府主管部门或其他有关部门备案。

施工企业在其经营生产的活动中必须对本企业的安全生产负全面责任。企业的代表人是安全生产的第一负责人，项目经理是施工项目生产的主要负责人。施工企业应当具备安全生产的资质条件，取得安全生产许可证的施工企业应设立安全机构，配备合格的安全人员，提供必要的资源；要建立健全职业健康安全体系及有关的安全生产责任制和各项安全生产规章制度。对项目要编制切合实际的安全生产计划，制定职业健康安全保障措施；实施安全教育培训制度，不断提高员工的安全意识和安全生产素质。

对于实行总承包的建筑工程，由总承包单位对施工现场的安全生产负总责并自行完成工程主体结构的施工。分包单位应当接受总承包单位的安全生产管理，分包合同中应当明确各自的安全生产方面的权利、义务。分包单位不服从管理导致生产安全事故的，由分包单位承担主要责任，总承包和分包单位对分包工程的安全生产承担连带责任。

5.1.4 建筑施工企业安全生产许可制度

为了严格规范建筑施工企业安全生产条件，进一步加强安全生产监督管理，防止和减少生产安全事故，国家对建筑施工企业实行安全许可制度，未取得安全生产许可证的建筑施工企业，不得从事建筑施工活动。《建筑施工企业安全生产许可证管理规定》（以下简称《规定》）的主要内容如下。

1. 安全生产许可证的申请条件

建筑施工企业取得安全生产许可证，应当具备下列安全生产条件：

(1)建立健全安全生产责任制，制定完备的安全生产规章制度和操作规程。

(2)保证本单位安全生产条件所需资金的投入。

(3)设置安全生产管理机构，按照国家有关规定配备专职安全生产管理人员。

(4)主要负责人、项目负责人、专职安全生产管理人员经住房城乡建设主管部门或其他有关部门考核合格。

(5)特种作业人员经有关业务主管部门考核合格，取得特种作业操作资格证书。

(6)管理人员和作业人员每年至少进行一次安全生产教育培训并要求考核合格。

(7)依法参加工伤保险，依法为施工现场从事危险作业的人员办理意外伤害保险，为从业人员交纳保险费。

(8)施工现场的办公、生活区及作业场所和安全防护用具、机械设备、施工机具及配件符合有关安全生产法律法规、标准和规程的要求。

(9)有职业危害防治措施，并为作业人员配备符合现行国家标准或行业标准的安全防护用具和安全防护服装。

(10)有对危险性较大的分部分项工程及施工现场易发生重大事故的部位、环节的预防、监控措施和应急方案。

(11)有生产安全事故应急救援预案、应急救援组织或者应急救援人员，配备必要的应急救援器材、设备。

(12)法律法规规定的其他条件。

2. 安全生产许可证的申请与颁发

(1)建筑施工企业从事建筑施工活动前，应当依照《规定》向企业注册所在地省、自治区、直辖市人民政府住房城乡建设主管部门申请领取安全生产许可证。

(2)建筑施工企业申请安全生产许可证时，应当向住房城乡建设主管部门提供下列材料：

1)建筑施工企业安全生产许可证申请表。

2)企业法人营业执照。

3)安全生产许可证的申请条件规定的相关文件、材料。建筑施工企业申请安全生产许可证，应当对申请材料实质内容的真实性负责，不得隐瞒有关情况或者提供虚假材料。

(3)住房城乡建设主管部门应当自受理建筑施工企业的申请之日起45日内审查完毕；经审查符合安全生产条件的，颁布安全生产许可证；不符合安全生产条件的，不予颁发安全生产许可证，书面通知企业并说明理由。企业自接到通知之日起应进行整改，整改合格后方可再次提出申请。

(4)住房城乡建设主管部门审查建筑施工企业安全生产许可证申请，涉及铁路、交通、水利等有关专业工程时，可以征求铁路、交通、水利等有关部门的意见。

(5)安全生产许可证的有效期为3年。安全生产许可证有效期满需要延期的，企业应当于期满前3个月向原安全生产许可证颁发管理机关申请办理延期手续。

(6)企业在安全生产许可证有效期内，严格遵守有关安全生产的法律法规，未发生死亡事故的，安全生产许可证有效期届满时，经原安全生产许可证颁发管理机关同意，不再审查，安全生产许可证有效期延期3年。

(7)建筑施工企业变更名称、地址、法定代表人等，应当在变更后10日内，到原安全生产许可证颁发管理机关办理安全生产许可证变更手续。

(8)建筑施工企业破产、倒闭、撤销的，应当将安全生产许可证交回原安全生产许可证颁发管理机关予以注销。建筑施工企业遗失安全生产许可证，应当立即向原安全生产许可证颁发管理机关报告，并在公众媒体上声明作废后，方可申请补办。

(9)安全生产许可证分正本和副本，正、副本具有同等法律效力。

3. 安全生产许可证的监督管理

(1)县级以上人民政府住房城乡建设主管部门应当加强对建筑施工企业安全生产许可证的监督管理。住房城乡建设主管部门在审核发放施工许可证时，应当对已经确定的建筑施工企业是否有安全生产许可证进行审查，对没有取得安全生产许可证的，不得颁发施工许可证。

(2)跨省从事建筑施工活动的建筑施工企业有违反《规定》行为的，由工程所在地的省级人民政府住房城乡建设主管部门将建筑施工企业在本地区的违法事实、处理结果和处理建议抄告原安全生产许可证颁发管理机关。

(3)建筑施工企业取得安全生产许可证后，不得降低安全生产条件，还应当加强日常安全生产管理，接受住房城乡建设主管部门的监督检查。安全生产许可证颁发管理机关发现企业不再具备安全生产条件的，应当暂扣或者吊销安全生产许可证。

（4）安全生产许可证颁发管理机关或者其上级行政机关发现有下列情形之一的，可以撤销已经颁发的安全生产许可证：

1）安全生产许可证颁发管理机关工作人员滥用职权、玩忽职守颁发安全生产许可证的。

2）超越法定职权颁发安全生产许可证的。

3）违反法定程序颁发安全生产许可证的。

4）对不具备安全生产条件的建筑施工企业发布安全生产许可证的。

5）依法可以撤销已经颁发的安全生产许可证的其他情形。

依照以上规定撤销安全生产许可证，建筑施工企业的合法权益受到损害的，住房城乡建设主管部门应当依法给予赔偿。

（5）安全生产许可证颁发管理机关应当建立健全安全生产许可证档案管理制度，定期向社会公布企业取得安全生产许可证的情况，每年向同级安全生产监督管理部门通报建筑施工企业安全生产许可证颁发和管理情况。

（6）建筑施工企业不得转让、冒用安全生产许可证或者使用伪造的安全生产许可证。

（7）住房城乡建设主管部门工作人员在安全生产许可证颁发、管理和监督检查工作中，不得索取或者接受建筑施工企业的财物，不得谋取其他利益。

（8）任何单位或者个人对违反《规定》的行为，有权向安全生产许可证颁发管理机关或者监察机关等有关部门举报。

4. 法律责任

（1）违反《规定》，住房城乡建设主管部门工作人员有下列行为之一的，给予降级或者撤职的行政处分；构成犯罪的，依法追究刑事责任：

1）向不符合安全生产条件的建筑施工企业颁发安全生产许可证的。

2）发现建筑施工企业未依法取得安全生产许可证擅自从事建筑施工活动，不依法处理的。

3）发现取得安全生产许可证的建筑施工企业不再具备安全生产条件，不依法处理的。

4）接到对违反《规定》行为的举报后，不及时处理的。

5）在安全生产许可证颁发、管理和监督检查工作中，索取或者接受建筑施工企业的财物，或者谋取其他利益的。

由于建筑施工企业弄虚作假，造成第1）项行为的，对住房城乡建设主管部门工作人员不予处分。

（2）取得安全生产许可证的建筑施工企业，发生重大安全事故的，暂扣安全生产许可证并限期整改。

（3）建筑施工企业不再具备安全生产条件的，暂扣安全生产许可证并限期整改；情节严重的，吊销安全生产许可证。

（4）违反《规定》，建筑施工企业未取得安全生产许可证擅自从事建筑施工活动的，责令其在建项目停止施工，没收违法所得，并处10万元以上50万元以下的罚款；造成重大安全事故或者其他严重后果，构成犯罪的，依法追究刑事责任。

（5）违反《规定》，安全生产许可证有效期满未办理延期手续，继续从事建筑施工活动的，责令其在建项目停止施工，限期补办延期手续，没收违法所得，并处5万元以上10万元以下的罚款；逾期仍不办理延期手续，继续从事建筑施工活动的，依照《规定》第二十四条的规定处罚。

（6）违反《规定》，建筑施工企业转让安全生产许可证的，没收违法所得，处10万元以上50万元以下的罚款，并吊销安全生产许可证；构成犯罪的，依法追究刑事责任；接受转让的，依照《规定》第二十四条的规定处罚。

（7）冒用安全生产许可证或者使用伪造的安全生产许可证的，依照《规定》第二十四条的规定处罚。

（8）违反《规定》，建筑施工企业隐瞒有关情况或者提供虚假材料申请安全生产许可证的，不予受理或者不予颁发安全生产许可证，并给予警告，1年内不得申请安全许可证。

（9）建筑施工企业以欺骗、贿赂等不正当手段取得安全生产许可证的，撤销安全生产许可证，3年内不得再次申请安全生产许可证；构成犯罪的，依法追究刑事责任。

（10）暂扣、吊销安全生产许可证的行政处罚，由安全生产许可证的颁发管理机关决定；其他行政处罚，由县级以上地方人民政府住房城乡建设主管部门决定。

5.1.5 政府安全监督制度

建筑安全生产监督管理是指各级人民政府、住房城乡建设主管部门及其授权的建筑安全生产监督机构对建筑安全生产所实施的行业监督管理。

《建设工程安全生产管理条例》对建设工程安全生产的监督管理作了明确规定，主要内容如下所述。

1. 政府安全监督检查的管理体系

（1）国务院负责安全生产监督管理的部门依照《安全生产法》的规定对全国建设工程安全生产工作实施综合监督管理。

（2）县级以上地方人民政府负责安全生产监督管理的部门依照《安全生产法》的规定，对本行政区域内建设工程安全生产工作实施综合监督管理。

（3）国务院住房城乡建设主管部门对全国的建设工程安全生产实施监督管理，国务院铁路、交通、水利等有关部门按照国务院规定的职责分工，负责有关专业建设工程安全生产的监督管理。

（4）县级以上地方人民政府住房城乡建设主管部门对本行政区域内的建设工程安全生产实施监督管理。县级以上地方人民政府交通、水利等有关部门在各自的职责范围内，负责本行政区域内的专业建设工程安全生产的监督管理。

2. 政府安全监督检查的职责与权限

（1）住房城乡建设主管部门和其他有关部门应当将依法批准开工报告的建设工程和拆除工程的有关备案资料主要内容抄送同级负责安全生产监督管理的部门。

（2）住房城乡建设主管部门在审核发放施工许可证时，应当对建设工程是否有安全施工措施进行审查，对没有安全施工措施的，不得颁发施工许可证。

（3）住房城乡建设主管部门或者其他有关部门对建设工程是否有安全施工措施进行审查时，不得收取费用。

（4）县级以上人民政府负有建设工程安全生产监督管理职责的部门在各自的职责范围内履行安全监督检查职责时，有权采取下列措施。

1）要求被检查单位提供有关建设工程安全生产的文件和资料。

2）进入被检查单位施工现场进行检查。

3）纠正施工中违反安全生产要求的行为。

4）对检查中发现的安全事故隐患，责令立即排除；重大安全事故隐患排除前或者排除过程中无法保证安全的，责令从危险区域内撤出作业人员或者暂时停止施工。

（5）住房城乡建设主管部门或者其他有关部门可以将施工现场的监督检查委托给建设工

程安全监督机构具体实施。

（6）国家对严重危及施工安全的工艺、设备、材料实行淘汰制度。具体目录由国务院住房城乡建设主管部门会同国务院其他有关部门制定并公布。

（7）县级以上人民政府住房城乡建设主管部门和其他有关部门应当及时受理对建设工程生产安全事故及安全事故隐患的检举、控告和投诉。

5.1.6　安全生产教育培训制度

安全教育主要包括安全生产思想、安全知识、安全技能和法制教育四方面内容。施工现场常用的几种安全教育形式如下。

（1）新工人三级安全教育。

1）三级安全教育是企业必须坚持的安全生产基本制度，对新工人（包括新招收的合同工、临时工、学徒工、劳务工及实习和代培人员）都必须进行公司（厂）、项目、班组的三级安全教育。

2）三级安全教育一般由安全、教育和劳资等部门配合组织进行，经教育考试合格者才准许进入生产岗位，不合格者必须补课、补考。

3）对新工人的三级安全教育，要建立档案、职工安全生产教育卡等，新工人工作一个阶段后还应进行重复性的安全再教育，以加深安全的感性和理性认识。

4）三级安全教育的主要内容如下。

①公司（厂）进行安全基本知识、法规、法制教育，主要内容如下。

a. 党和国家的安全生产方针。

b. 安全生产法规、标准和法治观念。

c. 本单位施工（生产）过程及安全生产规章制度、安全纪律。

d. 本单位安全生产的形势及历史上发生的重大事故及应吸取的教训。

e. 发生事故后如何抢救伤员、排险、保护现场和及时报告。

②工程处（项目部、车间）进行现场规章制度和违章守纪教育，主要内容如下。

a. 本单位（工程处、项目部、车间）施工安全生产基本知识。

b. 本单位（包括施工、生产场地）安全生产制度、规定及安全注意事项。

c. 本工种的安全技术操作规程。

d. 机械设备、电气安全及高空作业安全基本知识。

e. 防毒、防尘、防火、防爆知识及紧急境况安全处置和安全疏散知识。

f. 防护用品发放标准及防护用具使用的基本知识。

③班组安全生产教育由班组长主持进行，或由班组安全员及指定技术熟练、重视安全生产的老工人讲解，进行本工种岗位安全操作班组安全制度、纪律教育。其主要内容如下：

a. 本班组作业特点及安全操作规程。

b. 班组安全生产活动制度及纪律。

c. 爱护和正确使用安全防护装置（设施）及个人劳动防护用品。

d. 本岗位易发生事故的不安全因素及防范对策。

e. 本岗位作业环境及使用的机械设备、工具的安全要求。

（2）特种作业人员培训。

1）《特种作业人员安全技术培训考核管理规定》对特种作业的定义、范围、人员条件和安全技术培训、考核、发证、复审及其监督管理工作都作了明确的规定。

2）特种作业的定义是指容易发生事故，对操作者本人、他人的安全健康及设备、设施的安全可能造成重大危害的作业。特种作业的范围由特种目录规定。特种作业人员是指直接从事特种作业的从业人员。

3)特种作业范围的工种有电工、电（气）焊工、架子工、司护工、爆破工、机械操作工、起重工、塔式起重机司机及指挥人员、人货两用电梯司机、信号指挥、厂内车辆驾驶、起重机机械拆装作业人员、物料提升机操作员。

4)从事特种作业的人员，必须经国家规定的有关部门进行安全教育和安全技术培训，并经考核合格取得操作证后，方准独立作业。

（3）经常性教育。

1)经常性的普及教育贯穿于管理工作的全过程，并根据接受教育对象的不同特点，采取多层次、多渠道和多种方法进行，可以取得良好的效果。经常性教育的主要内容如下。

①上级的劳动保护、安全生产法规及有关文件指示。

②各部门、科室和每个职工的安全责任。

③遵章守纪。

④事故案例及教育和安全技术先进经验、革新成果等。

2)采用新技术、新工艺、新设备、新材料和调换工作岗位时，要对操作人员进行新技术操作和新岗位的安全教育，未经教育者不得上岗操作。

3)班组应每周安排一次安全活动日，可利用班前和班后进行，内容如下。

①学习党、国家和上级主管部门及企业随时下发的安全生产规定文件和操作规程。

②回顾上周安全生产情况，提出下周安全生产要求。

③分析班组工人安全思想动态及现场安全生产形势，表扬好人好事和总结需吸取的教训。

4)适时安全教育。根据建筑施工的生产特点进行"五抓紧"的安全教育。

①工程突击赶任务，往往不注意安全，要抓紧安全教育。

②工程接近尾声时，容易忽视安全，要抓紧安全教育。

③施工条件好时，容易麻痹，要抓紧安全教育。

④季节气候变化的外界不安全因素多，要抓紧安全教育。

⑤节假日前后，思想不稳定，要抓紧安全教育，使之做到警钟长鸣。

5)纠正违章教育。企业对由于违反安全规章制度而导致重大险情或未遂事故的，进行违章纠正教育。教育内容为：违反的规章条文，它的意义及其危害。务必使受教育者充分认识自身的过失和吸取教训，对于情节严重的违章事件，除教育责任者本人外，还应通过适当的形式以现身说法，扩大教育面。

5.1.7　特种作业人员持证上岗培训

《建设工程安全生产管理条例》第二十五条规定："垂直运输机械作业人员、安装拆卸工、爆破作业人员、起重信号工、登高架设作业人员等特种作业人员，必须按照国家有关规定经过专门的安全作业培训，并取得特种作业操作的资格证书后，方可上岗作业。"

1. 特种作业人员应当符合的条件

（1）年满18周岁，且不超过国家法定退休年龄。

（2）经社区或者县级以上医疗机构体检健康合格，并无妨碍从事相应特种作业的器质性心脏病、癫痫病、美尼尔氏症、眩晕症、癔症、帕金森病、精神病、痴呆症及其他疾病和生理缺陷。

(3)具有初中及以上文化程度。

(4)具备必要的安全技术知识与技能。

(5)相应特种作业规定的其他条件。

2. 特种作业的培训内容

(1)安全技术理论。

(2)实际操作技能。

3. 特种作业的考核发证

(1)特种作业操作证由安全监管局统一式样、标准及编号，有效期为6年，在全国范围内有效。

(2)特种作业操作证每3年复审1次。特种作业人员在特种作业操作证有效期内，连续从事本工种10年以上，严格遵守有关安全生产法律法规的，经原考核发证机关或者从业所在地考核发证机关同意，特种作业操作的复审时间可以延长至每6年1次。

(3)特种作业操作证申请复审或者延期复审前，特种作业人员应当参加必要的安全培训并考试合格。安全培训时间不少于8学时，主要培训法律法规、标准、事故案例和有关新工艺、新技术、新装备等知识。

技能测试

1. 填空题

(1)对需要进行环境影响评价或安全预评价的建筑工程项目，应组织或委托有相应资质的单位进行建筑工程项目_____评价和_____。

(2)在工程总概算中，应明确工程_____费用、_____和_____措施费等。

(3)设计单位和注册建筑师等执业人员应当对其_____负责。

(4)_____在申请领取施工许可证时，应当提供建筑工程有关安全施工措施的资料。

(5)对于依法批准开工报告的建筑工程，建筑单位应当自开工报告批准之日起_____d内，将保证安全施工的措施报送建筑工程所在地的县级以上人民政府住房城乡建筑主管部门或者其他有关部门备案。

(6)对于实行总承包的建筑工程，由_____单位对施工现场的安全生产负总责并自行完成工程主体结构的施工。

(7)未取得_____的建筑施工企业，不得从事建筑施工活动。

(8)建筑施工企业应设置安全生产管理机构，按照国家有关规定配备_____人员。

(9)_____、_____、_____人员经建设主管部门或者其他有关部门考核合格。

(10)_____人员经有关业务主管部门考核合格，取得_____资格证书。

(11)建筑施工企业应依法为施工现场从事危险作业的人员办理_____，为从业人员交纳_____。

(12)建筑施工企业未取得安全生产许可证擅自从事建筑施工活动的，责令其在建项目停止施工，没收违法所得，并处_____万元以上_____万元以下的罚款；造成重大安全事故或者其他严重后果，构成犯罪的，依法追究_____责任。

2. 选择题

(1)职业健康安全可能影响的现场对象包括( )。

A. 员工   B. 临时工

C. 分包商员工   D. 访问者

(2)建筑工程职业健康安全管理不具有的特点为(   )。

A. 复杂性   B. 不变性   C. 协调性   D. 持续性

(3)管理人员和作业人员每年至少进行(   )次安全生产教育培训并要求考核合格。

A. 1   B. 2   C. 5   D. 3

(4)安全生产许可证的有效期为(   )年。

A. 2   B. 0.5   C. 3   D. 5

任务工单

1. 任务背景

根据 2020 年的数据统计，全国共发生房屋市政工程生产安全事故 689 起、死亡 794 人。其中，高处坠落事故 407 起；物体打击事故 83 起；土方、基坑坍塌事故 42 起。

2. 任务及要求

查阅相关资料，举例说明，在建筑工程施工过程中，除上述背景情形外，还可能存在哪些隐患会对现场作业人员的健康与安全造成影响，造成这些隐患的原因是什么。

3. 任务成果

书面作答。

5.2 安全技术交底

课前认知

安全技术交底是一项技术性很强的工作，对于贯彻设计意图、严格实施技术方案、按图施工、循规操作、保证施工质量和施工安全至关重要。

理论学习

5.2.1 安全技术交底的要求及作用

安全技术交底是落实安全技术措施及安全生产管理要求的重要环节，是交底方向被交底方对预防和控制生产安全事故发生及减少其危害的技术措施、施工方法进行说明的技术活动，用于指导建筑施工行为。安全技术交底是操作者的指令性文件，因此便要求具体、明确、针对性强。安全技术交底工程一般由工程技术人员负责，让专职安全管理人员参加。

安全技术交底的主要作用如下。

(1)让作业人员了解和掌握该作业项目的安全技术操作规程和注意事项，减少因违章操作而导致的事故。

(2)做好安全技术交底工作也是安全管理人员自我保护的手段。

安全技术交底的依据包括国家有关法律法规和有关标准、工程设计文件、施工组织设计、专项施工方案和安全技术措施、安全技术管理文件等要求。

5.2.2　安全技术交底的一般规定

1. 安全生产六大纪律

（1）进入现场应佩戴好安全帽，系好帽带；正确使用个人劳动防护用品。

（2）2 m以上的高处、悬空作业，必须系好安全带、扣好保险钩。

（3）高处作业时，不准往下或向上乱抛材料和工具等物件。

（4）各种电动机械设备应在有可靠、有效的安全接地和防雷装置后，方可启动使用。

（5）不懂电气和机械的人员，严禁使用和摆弄机电设备。

（6）吊装区域非操作人员严禁入内，吊装机械的功能应完好，把杆下方不准站人。

视频：班前讲评台

2. 安全技术操作规程一般规定

（1）施工现场。

1）施工人员要熟悉本工种的安全技术操作规程。在操作中应坚守工作岗位，按规定操作。

2）特种作业人员，必须经过专门培训，取得建筑施工特种作业人员操作资格证书后方可上岗从事相应作业。

3）正确使用防护用品和防护设施。进入施工现场，应佩戴好安全帽。高空作业应系好安全带。上下交叉作业有危险的出入口，要有防护棚或其他隔离设施。距离地面2 m以上作业要有防护栏杆、挡板或安全网。安全帽、安全带、安全网要定期检查。不符合要求的，严禁使用。

视频：安全带使用体验

4）施工现场入口处、施工起重机械、临时用电设施、脚手架、出入通道口、楼梯口、电梯井口、孔洞口、桥梁口、隧道口、基坑边沿、爆破物及有害危险气体和液体存放处等危险部位，须设置明显的安全警示标志。安全警示标志必须符合国家标准。

（2）机电设备。

1）工作前应检查机械、仪表、工具等，确认完好后方可使用。

2）机械和动力机械的机座应稳固，转动等危险部位要安装防护装置。

视频：安全防护用品展示

3）电气设备和线路必须绝缘良好，电线不得与金属物绑扎在一起。各种电动机具应按规定接地、接零并设置单一开关。临时停电或停工休息时，必须拉闸上锁。

4）电气、仪表和设备运转应严格按照安全技术措施进行。在架空输电线路下方作业时应停电；不能停电的，应有隔离防护措施。起重机不得在架空输电线路下面作业。在架空输电线路一侧作业时，起重机械任何部位与架空输电线路的安全距离应符合有关规定。

视频：安全鞋撞击体验

（3）高处作业。

1）高处作业中的安全标志、工具、仪表、电气设施和其他设备必须在施工前加以检查，确认完好后方能投入使用。

2）高处、悬空作业人员及搭设高处作业安全设施的人员必须经过专业技术培训、持证上岗，并定期进行身体检查。

3）施工中发现高处作业的安全技术设施存在缺陷和隐患时，必须及时解决；危及人身安

全时，必须立即停止作业。

4)施工作业场所有可能坠落的物件一律应先行撤除或加以固定。高处作业中所用的物料，均应堆放平稳，不妨碍通行和装卸，工具应随手放入工具袋，作业中的走道、通道板和登高用具应随时清扫干净，拆卸下的物件及余料、废料均应及时清理运走，不得任意乱置或向下丢弃，传递物件时禁止抛掷。

5)因作业需要临时拆除或变动安全防护设施时，必须经施工负责人同意，并采取相应的可靠措施，作业后应立即恢复。

6)防护棚搭设与拆除时应设警戒区，并应派专人监护；严禁上下同时拆除。

7)高处作业安全设施的构造和主要受力杆件的承载力及挠度计算按现行有关规范进行。

(4)季节施工。雨天和雪天进行高处作业时，必须采取可靠的防滑、防寒和防冻措施。凡水、冰、霜、雪均应及时清除。对进行高处作业的高耸建筑物，应事先设置避雷设施。遇六级以下强风、浓雾等恶劣气候，不得进行露天攀登与高处悬空作业。遇暴风雪及台风、暴雨后，应对高处作业安全设施逐一加以检查。发现有松动、变形、损坏或脱落等现象，应立即修理、完善。

3. 施工现场安全防护

(1)临边作业。施工现场的临边是指尚未安装栏杆的阳台周边、无外架防护的屋面周边、框架工程楼层周边、上下跑道及斜道的两侧边、卸料平台的侧边等，具体防护措施如下。

1)基坑周边，尚未安装栏杆或栏板的阳台、料台与挑平台周边，雨篷与挑檐边，无外脚手架的屋面与楼层周边及水箱与水塔周边等处都必须设置防护栏杆。

2)头层墙高度超过 3.2 m 的二层楼面周边及无外脚手架的高度超过 3.2 m 的楼层周边，必须在外围架设安全平网一道。

3)分层施工的楼梯口和梯段边，必须安装临时护栏。顶层楼梯口应随工程结构进度安装正式防护栏杆。

4)井架、施工用电梯，脚手架与建筑物通道的两侧边必须设防护栏杆。地面通道上部应装设安全防护棚。双笼井架通道中间应予分隔封闭。

5)除两侧设防护栏杆外，各种垂直运输接料平台口还应设置安全门或活动防护栏杆。

(2)洞口作业。施工现场的洞口主要是指通道口、预留洞口、楼梯口、电梯井口等。具体防护措施如下。

1)板与墙的洞口必须设置牢固的盖板、防护栏杆、安全网或其他防坠落的防护设施。

2)电梯井口必须设防护栏杆或固定栅门；电梯井内应每隔两层并最多隔 10 m 设置一道安全网。

3)钢管桩、钻孔桩等桩孔上口，杯形、条形基础上口，未填土的坑槽及人孔、天窗、地板门等处，均应按洞口防护设置稳固的盖件。

4)施工现场通道附近的各类洞口与坑槽等处，除设置防护设施与安全标志外，夜间还应设置红灯示警。

(3)建筑起重机械。建筑起重机械进入施工现场前，应具备特种设备制造许可证、产品合格证、特种设备制造监督检验证明、备案证明、安装使用说明书和自检合格证明。当建筑起重机械存在下列情形之一时，不得出租和使用。

1)属国家明令淘汰或禁止使用的品种、型号。

2)超过安全技术标准或制造厂规定的使用年限。

3)经检验达不到安全技术标准规定。

4)没有完整的安全技术档案。

5)没有齐全、有效的安全保护装置。

建筑起重机械的具体防护措施如下。

①建筑起重机械作业时，应在臂长的水平投影覆盖范围外设置警戒区域，并应有监护措施；起重臂和重物下方不得有人停留、工作或通行；不得用起重机、物料提升机载运人员。

②进入施工现场的井架、龙门架安全装置应包括上料口防护棚，层楼安全门、吊篮安全门、首层防护门，断绳保护装置或防坠装置，安全停靠装置，起重机限制器，上、下限位器，紧急断电开关、短路保护、过电流保护、漏电保护、信号装置、缓冲器等；井架、龙门架物料提升机不得和脚手架连接。

③塔式起重机各部位的栏杆、平台、扶栏、护圈等安全防护装置应配置齐全。升降作业应在白天进行，应有专人指挥，专人操作液压系统，专人拆装螺栓。根据使用说明书的要求，应定期对塔式起重机各工种机构、所有安全装置、制动器的性能及磨损情况、钢丝绳的磨损情况、绳端固定、液压系统、润滑系统、螺栓销轴连接处等进行检查。

④施工升降机应设置专用开关箱，馈电容量应满足升降机直接启动的要求，生产厂家配置的电气箱内应装设短路、过载、错相、断相及零位保护装置。施工升降机周围应设置稳固的防护围栏。楼层平台通道应平整、牢固，出入口应设防护门。升降机全行程不得有危害安全运行的障碍物；安装在建筑物内部井道中时，各楼层门应封闭并应有电气连锁装置；装设在阴暗处或夜班作业的施工升降机，在全行程上应有足够的照明，并应装设明亮的楼层编号标志灯。

⑤施工升降机的防坠安全器应在标定期限内使用，标定期限不应超过一年，使用中不得任意拆检、调整。施工升降机使用前，应对防坠安全器进行坠落试验。在使用中每隔3个月，施工升降机应进行一次额定载重量的坠落试验，试验程序应按使用说明书中的规定进行。防坠安全器试验后及正常操作中，每发生1次防坠动作，应由专业人员进行复位。

⑥在风速达到20 m/s及以上大风、大雨、大雾天气或导轨架、电缆等结冰时，施工升降机应停止运行并将吊笼降到底层，切断电源。恶劣天气结束后，应对施工升降机安全装置等进行检查，确认正常后运行。

（4）现场临时用电。

1）建筑施工现场临时用电工程应用专用的电源中性点直接接地的220/380 V三相四线制低压电力系统，须采用三级配电系统、TN-S接零保护系统和二级漏电保护系统。

2）配电箱、开关箱应有名称、用途、分路标记及系统接线图。箱门应配锁，并应由专人负责。配电箱、开关箱应由专业电工定期检查、维修。检查、维修时必须按规定穿绝缘鞋、戴绝缘手套、使用电工绝缘工具，并做检查、维修工作记录。

3）对配电箱、开关箱进行定期维修、检查时，必须将前一级相应的电源隔离开关、分闸断电，并悬挂"禁止合闸、有人工作"标志牌，严禁带电作业。对于配电箱、开关箱，必须按照下列顺序操作。

①送电操作顺序：总配电箱→分配电箱→开关箱。

②停电操作顺序：开关箱→分配电箱→总配电箱。

出现电气故障的紧急情况可除外。

4）施工现场停止作业1 h以上时，应将动力开关箱断电上锁。配电箱、开关箱内不得放置任何杂物，并应保持整洁，不得随意挂接其他用电设备，严禁随意改动电器配置和接线。熔断器的熔体更换时，严禁采用不符合原规格的熔体代替。漏电保护器每天使用前应启动漏电试验按钮试跳一次，试跳不正常时严禁继续使用。配电箱、开关箱的进线和出线严禁承受外力，严禁与金属尖锐断口、强腐蚀介质和易燃、易爆物接触。

5.2.3　安全技术交底的内容与措施

安全技术交底是一项技术性工作，属于企业技术管理的范畴，应以企业的技术部门为主，生产安全部门参与进行。

安全技术交底主要包括三方面：一是按工程部位，分部分项进行交底；二是对施工作业相对固定、与工程施工部位没有直接关系的工种，如起重机械、钢筋加工等，应单独进行交底；三是对工程项目的各级管理人员，应进行以安全施工方案为主要内容的交底。

（1）专项施工项目及企业内部规定的重点施工工程开工前，企业的技术负责人应向参加施工的施工管理人员进行安全技术交底。

（2）各分部分项工程、关键工序和专项方案实施前，项目技术负责人应当会同方案编制人员就方案的实施向施工管理人员进行技术交底，并提出方案涉及的设施安装和验收的方法和标准。项目技术负责人和方案编制人员必须参与方案实施的验收及检查。

（3）总承包单位向分包单位，分包单位工程项目的安全技术人员向作业班组进行安全技术措施交底。

（4）施工管理人员及各条线管理人员应对新进场的工人进行作业人员工种交底。

（5）作业班组应对作业人员进行班前交底。

交底应细致全面、讲究实效，不能流于形式。企业安全人员受企业安全机构的委派参与安全技术交底，在工程实施中，应按交底内容和技术标准、规范、内部规章制度实施安全管理。

安全技术交底必须有书面交底记录，交底双方应履行签字手续，各保留一套交底文件，并应在技术、施工、安全三方备案。

技能测试

1. 填空题

（1）_____是一项技术性很强的工作，对于贯彻设计意图、严格实施技术方案、按图施工、循规操作、保证施工质量和施工安全至关重要。

（2）安全技术交底是操作者的_____文件，因此，要求具体、明确、针对性强。

（3）安全技术交底工作一般由_____进行，让_____人员参加。

（4）高处、悬空作业人员及搭设高处作业安全设施的人员必须经过专业技术培训、持证上岗，并定期进行_____。

（5）施工中发现高处作业的安全技术设施存在缺陷和隐患时，必须及时解决；危及人身安全时，必须_____。

（6）雨天和雪天进行高处作业时，必须采取可靠的_____、_____和_____措施。凡水、冰、霜、雪，均应及时清除。

2. 选择题

（1）电梯井口必须设防护栏杆或固定栅门；电梯井内应每隔两层并最多隔（　　）m设置一道安全网。

　　　A. 5　　　　　　　　B. 3人　　　　　　　C. 10　　　　　　　D. 6

（2）施工现场通道附近的各类洞口与坑槽等处，除设置防护设施与安全标志外，夜间还应设置（　　）灯示警。

　　　A. 黄　　　　　　　　B. 红　　　　　　　　C. 绿　　　　　　　D. 蓝

(3)在风速达到( )m/s及以上大风、大雨、大雾天气或导轨架、电缆等结冰时，施工升降机应停止运行并将吊笼降到底层并切断电源。

    A. 20   B. 10   C. 15   D. 5

任务工单

1. 任务背景

某厂房工程为五层框架结构，现基础结构已经施工完毕，基础土方完成回填，计划三天后施工二层梁板柱结构，木工、架子工即将进场，需要对班组工人进行安全技术交底。

2. 任务及要求

(1)编制安全技术交底文件。

(2)模拟交底过程(可班级内分角色模拟)并拍摄交底视频。

(3)填写交底记录(交底记录表可参照表5-1中的内容制作)。

(4)交底内容要有针对性，具有可操作性。

(5)该任务不分组，交底记录需独立完成。

3. 任务成果

交底文件1份；交底过程视频；交底记录1份。

表 5-1   安全技术交底记录表

建设单位				
工程名称			交底日期	
施工单位			分项工程名称	
交底提要				
交底内容：				
审核人		交底人	被交底人	

5.3 土方工程施工安全管理

课前认知

土方工程是建筑工程中主要的子分部工程之一，包括土方的挖掘、运输、填筑和压实等主要过程，也会涉及排水、降水和土壁支撑的设计、施工准备等辅助过程。施工中常见的土方工程有基坑(槽)开挖、场地平整、路基填筑、基坑(槽)回填及地坪填土等。其施工常具有量大面广、劳动繁重、施工条件复杂和施工工期长等特点，而且受气候、水文、地质等难以确定的因素影响较多。由于设计、施工、组织等方面的原因，在土方工程施工中安全事故时有发生，并且事故类型较多，其中最常见的有土方坍塌和地基基础质量事故。

理论学习

5.3.1 土方工程

土方工程是建筑工程施工中的主要工程之一，土方工程施工的对象和条件又比较复杂，如地质、地下水、气候、开挖深度、施工现场与设备等，对于不同的工程都不同，因此，在土方施工中需要根据现有条件做好确保施工安全的施工方案。

1. 土方施工工程危险源识别与监控

(1)土方施工工程事故的类型。

1)影响周边附近建筑物的安全和稳定。

2)土方塌落伤人。

3)边坡上堆放材料倾落。

4)发生机械事故。

(2)分析引发事故的主要原因。

1)开挖较深，不放坡或者放坡不够；或通过不同土层时没有根据具体的特性分别确定不同的坡度，致使边坡失稳而造成塌方。

2)土方开挖前没做好排水处理，防止地表水、施工用水和生活用水侵入施工现场或冲刷边坡。

3)边坡顶部堆载过大，或受外力振动影响，造成坡体内剪应力增大，使土体由于失稳而塌方。

4)开挖土方土质松软，开挖次序、方法不当而造成塌方。

(3)危险源的监控。

1)根据土的种类、力学性质确定适当的边坡坡度。

2)当基坑较深时，放坡改为直立放坡，并进行可靠的支护。

3)操作人员上下深坑(槽)应预先搭设稳固安全的阶梯，避免上下时发生坠落事故。

4)做好地面排水和降低地下水水位的工作。

5)在雨季挖土方时，应特别注意边坡的稳定，且应在下大雨时暂停土方工程施工。

2. 土方机械挖土的安全技术措施

(1)机械挖土，启动前应检查离合器、钢丝绳等，经空车试运转正常后再开始作业。

(2)机械操作中进铲不应过深，提升不应过猛。

(3)夜间挖土方时，应尽量安排在地形平坦、施工干扰较少和运输道路畅通的地段，施工场地应有足够的照明。

(4)机械不得在输电线路下工作，在输电线路一侧工作时，无论在任何情况下，机械的任何部位与架空输电线路的最近距离应符合安全操作规程要求。

(5)基坑边缘堆置建筑材料等，与槽边最小距离必须满足设计规定，禁止基坑边堆置弃土，施工机械施工行走路线必须按方案执行。

(6)向汽车上卸土应在车子停稳定后进行，禁止铲斗从汽车驾驶室上越过。

(7)车辆进出门口的人行道下，如有地下管线(道)，必须铺设厚钢板，或浇筑混凝土加固。

(8)挖土机械不得在施工中碰撞支撑，以免引起支撑破坏失效。

3. 土方工程开挖安全技术措施

(1)进入现场必须遵守安全生产纪律。

(2)挖土中发现管道、电缆及其他埋设物应及时报告，不得擅自处理。

(3)挖土时要注意土壁的稳定性，发现有裂缝及倾斜坍塌可能时，人员应立即离开并及时处理。

(4)人工挖土时，前后操作人员间距不应小于2~3 m，堆土在1 m以外，且高度不得超过1.5 m。

(5)每日或雨后必须检查土壁及支撑稳定情况，在确保安全的情况下继续工作，并且不得将土和其他物件堆放在支撑上，不得在支撑下行走或站立。

(6)电缆两侧1 m范围内应人工挖掘。

(7)配合拉铲的清坡、清底工人，不准在机械回转半径下工作。

(8)基坑四周必须设置1.5 m高的护栏，要设置一定数量的临时上下施工楼梯。

(9)在开挖基坑时必须采取切实可靠的排水措施，以免基坑积水，影响基土承载力。

(10)基坑开挖前，必须摸清基坑下的管线排列和地质水文资料，以利于考虑在开挖过程中意外应急措施。

(11)清坡、清底人员必须根据设计标高做清底工作，不得超挖。如果超挖不得用松土回填，以免影响基础质量。

(12)开挖出的土方，应严格按照施工组织设计堆放，不得堆于基坑四周，以免由于地面堆载超荷而引起土体位移、板桩位移或支撑破坏。

5.3.2 基坑工程

1. 基坑开挖的安全作业条件

基坑开挖包括人工开挖和机械开挖两类。

(1)适用范围。

1)人工开挖适用范围：一般工业与民用建筑物、构筑物的基槽和管沟等。

2)机械开挖适用范围：工业与民用建筑物、构筑物的大型基坑(槽)及大面积平整场地等。

(2)作业条件。

1)人工开挖安全条件。

①土方开挖前，应摸清地下管线等障碍物，根据施工方案的要求清除地上、地下障碍物。

②建筑物或构筑物的位置或场地的定位控制线、标准水平桩及基槽的灰线尺寸，必须经检验合格。

③在施工区域内，要挖临时排水沟。

④夜间施工时，在危险地段应设置红色警示灯。

⑤当开挖面标高低于地下水水位时，在开挖前采取降水措施，一般要求降至开挖面下500 mm，再进行开挖作业。

2)机械开挖安全作业条件。

①挖土机械、运输车辆及各种辅助设备等应按方案要求配置并固定行走路线。

②清除地上、地下障碍物，做好地面排水工作。

③建筑物或构筑物的位置或场地的定位控制线、标准水平桩及基槽的灰线尺寸，必须经检验合格。

④机械或车辆运行坡度应大于1:6，当坡道路面强度偏低时，应填筑适当厚度的碎石和渣土，以免出现塌陷。

2. 土方开挖施工安全的控制措施

施工安全是土方施工中一个很突出的问题，土方塌方是伤亡事故的主要原因。为此，在土方施工中应采取以下措施预防土方坍塌。

(1)土方开挖前要做好排水处理，防止地表水、施工用水和生活用水侵入施工现场或冲刷边坡。

(2)开挖坑(槽)、沟深度超过1.5 m时，一定要根据土质和开挖深度按规定进行放坡或加可靠支撑。如果既未放坡，也不加支撑，不得施工。

(3)坑(槽)、沟边1 m以内不得堆土、堆料或堆放工具；1 m以外堆土，其高度不超过1.5 m。坑(槽)、沟与附近建筑物的距离不得小于1.5 m，危险时必须采取加固措施。

(4)挖土方不得贴近未加固的危险楼房基底下进行。操作时应随时注意上方土壤的变动情况，如发现裂缝或部分塌落，应及时放坡或加固。

(5)操作人员上下深坑(槽)应预先搭设稳固安全的阶梯，避免上下时发生人员坠落事故。

(6)开挖深度超过2 m的坑、槽、沟边沿处，必须设置栏杆和悬挂危险标志，并在夜间挂红色标志灯。严禁任何人在深坑(槽)、悬崖、陡坡下面休息。

(7)在雨季挖土方时，必须保持排水畅通，并应特别注意边坡的稳定，在下大雨时还应暂停土方工程施工。

(8)夜间挖土方时，应尽量安排在地形平坦、施工干扰较少和运输道路畅通的地段，施工场地应有足够的照明。

(9)人工挖大孔径桩及扩底桩施工前，必须制定防坠物、防止人员窒息的安全措施，并指定专人负责实施。

(10)机械开挖后的边坡一般较陡，应用人工进行修整，达到设计要求后再进行其他作业。

(11)在土方施工中，施工人员要经常注意边坡是否有裂缝、滑坡迹象，一旦发现情况异常，应该立即停止施工，待处理和加固后方可继续进行施工。

3. 边坡的形式、放坡条件及坡度规定

边坡可做成直坡式、折线式和阶梯式三种形式。当地下水水位低于基坑，含水量正常，且暴露时间不长，基坑(槽)深度不超过表5-2的规定时，可挖成直壁。

表 5-2 基坑(槽)做成直立壁不加支撑的允许深度

土的类别	深度不超过/m
密实、中密的砂土和碎石类(砂填充)	1.00
硬塑、可塑的轻粉质黏土及粉质黏土	1.25
硬塑、可塑的黏土及碎石类(黏土填充)	1.50
坚硬的黏土	2.00

当地质条件较好，且地下水水位低于基坑，深度超过上述规定，但开挖深度在 5 m 以内，不加支护的最大允许坡度规定见表 5-3；对深度大于 5 m 的土质边坡，应分级放坡并设置过渡平台。

表 5-3 基坑不加支护允许坡度

土的类别	密实度或状态	坡度允许值(高宽比)
碎石土 (硬塑黏性土填充)	密实	1 : 0.35～1 : 0.50
	中密	1 : 0.50～1 : 0.75
	稍密	1 : 0.75～1 : 1.00
粉性土	土的饱和度≤0.5	1 : 1.00～1 : 1.25
粉质黏土	坚硬	1 : 0.75
	硬塑	1 : 1.00～1 : 1.25
	可塑	1 : 1.25～1 : 1.50
黏土	坚硬	1 : 0.75～1 : 1.00
	硬塑	1 : 1.00～1 : 1.25
花岗石残积黏性土		1 : 0.75～1 : 1.00
		1 : 0.85～1 : 1.25
杂填土	中密或密实的建筑垃圾	1 : 0.75～1 : 1.00
砂土		1 : 1.00 或自然休止角

4. 土钉墙支护安全技术

(1)适用范围。土钉墙由密集的土钉群、被加固的原位土体、喷射的混凝土面层和必要的防水系统组成，适用范围如下：

1)可塑、硬塑或坚硬的黏性土；胶结或弱胶结的粉土、砂石或角砾；填土、风化岩层等。

2)深度不大于 12 m 的基坑支护或边坡加护。

3)基坑侧壁安全等级为二、三级。

(2)安全作业条件。

1)有齐全的技术文件和完整的施工方案，并已进行交底。

2)挖除工程部位地面以下 3 m 内的障碍物。

3)土钉墙墙面坡度不宜小于 1 : 0.1。

4)注浆材料强度等级不宜低于 M10。

5)喷射的混凝土面层宜配置钢筋网，钢筋直径宜为 6～10 mm，间距宜为 150～300 mm，混凝土强度等级不宜低于 C20，面层厚度不宜小于 80 mm。

6)当地下水水位高于基坑底时，应采取降水或截水措施，坡顶和坡脚应设置排水措施。

（3）基坑开挖。基坑要按设计要求严格分层开挖，在完成上一段作业面土钉且达到设计强度的70％时，方可进行下一层土层的开挖。每一层开挖最大深度取决于在支护投入工作前，土壁可以自稳而不发生滑移破坏的能力，在实际工作中，常取基坑每层挖深与土钉竖向间距相等。

每层开挖的水平分段也取决于土壤的自稳能力，一般为 10～20 m。当基坑面积较大时，允许在距离基坑四周边坡8～10 m 的基坑中部自由开挖，但应注意与分层作业区的开挖相协调。

挖土要选用对坡面土体扰动小的挖土设备和方法，严禁边壁出现超挖或造成边壁土体松动。

坡面经机械开挖后，采用小型机械或人工进行切削清坡，以使坡度与坡面平整度达到设计要求。

（4）边坡处理。为防止基坑边坡的裸露土体塌陷，对易塌的土体可采取下列措施：

1）对修整后的边坡，立即喷上一层薄的混凝土，混凝土强度等级不宜低于C20，凝结后再进行钻孔。

2）在作业面上先构筑钢筋网喷射混凝土面层，后进行钻孔和设置土钉。

3）在水平方向上分小段间隔开挖。

4）先将作业深度上的边壁做成斜坡，待钻孔并设置土钉后再清坡。

5）开挖前，沿开挖垂直面击入钢筋或钢管，或注浆加固土体。

（5）土钉作业监控要点。

1）土钉作业面应分层分段开挖和支护，开挖作业面应在24 h 内完成支护，且不宜每次挖两层或全面开挖。

2）锚杆钻孔器在孔口设置定位器，使钻孔与定位器垂直，钻孔的倾斜角与设计相符。土钉打入前按设计斜度制作一操作平台，钢管或钢筋沿平台打入，保证土钉与墙的夹角与设计相符。

3）当孔内无堵塞，用水冲出清水后，再安装下一节钻杆；当最后一节遇有粗砂、砂卵土层时，为防止堵塞，孔深应比设计值深100～200 mm。

4）作土钉的钢管端部要打扁，钢管伸出土钉墙面100 mm 左右，钢管四周用钢筋架与钢管焊接，并固定在土钉墙钢筋网上。

5）压浆泵流量经鉴定计量正确，灌浆压力不低于 0.4 MPa，不宜大于 2 MPa。

6）土钉灌浆、土钉墙钢筋网及端部连接通过隐蔽验收后，可进行喷射施工。

7）土钉抗拔力达到设计要求后，方可开挖下部土方。

5. 内支撑系统基坑开挖安全技术

（1）基坑土方开挖是基础工程中的重要分项工程，也是基坑工程设计的主要内容之一。当有支护结构时，支护结构设计先完成，面对土方开挖方案提出一些限制条件。注意，土方开挖必须符合支护结构设计的工况条件。

（2）基坑开挖前，根据基坑设计及场地条件，编写施工方案。挖土机械的通道布置，挖土顺序、土方驳运等，应避免对围护结构、基坑内的工程桩、支撑立柱和周围环境等的不利影响。

（3）施工机械进场前必须验收合格后方能使用。

（4）使用机械挖土时，应严格控制开挖面坡度和分层厚度，以防止边坡和挖土机下的土体滑移。挖土机的作业半径不得进人，司机必须持证作业。

（5）当基坑开挖深度较大，且坑底土层的垂直渗透系数也相应较大时，应验算坑底土体的抗隆起、抗管涌和抗承压水的稳定性。当承压含水层较浅时，应设置减压井，以降低承压水头或采取其他有效的坑底加固措施。

技能测试

1. 填空题

(1)车辆进出门口的人行道下，如有地下管线(道)必须铺设_____，或_____加固。

(2)挖土中发现管道、电缆及其他埋设物应_____，不得擅自处理。

(3)人工挖土时前后操作人员间距不应小于_____m，堆土在_____m以外，并且高度不得超过_____m。

(4)电缆两侧1 m范围内应采取_____挖掘。

(5)基坑周边必须设置_____m高的护栏，要设置一定数量的临时上下施工楼梯。

(6)当开挖面标高低于地下水水位时，在开挖前采取降水措施，一般要求降至开挖面下_____mm，再进行开挖作业。

2. 选择题

(1)机械或车辆运行坡度应大于(   )，当坡道路面强度偏低时，应填筑适当厚度的碎石和渣土，以免出现塌陷。

　　A. 1∶5　　　　　B. 1∶6　　　　　C. 1∶10　　　　　D. 1∶3

(2)土钉墙适用于深度不大于(   )m的基坑支护或边坡加护。

　　A. 10　　　　　B. 8　　　　　C. 5　　　　　D. 12

(3)当基坑开挖深度较大，坑底土层的垂直渗透系数也相应较大时，应验算坑底土体的(   )的稳定性。

　　A. 抗隆起　　　　B. 抗管涌　　　　C. 抗承压水　　　　D. 抗沉降

任务工单

1. 任务背景

某工程基坑开挖深度约为5.6 m，由某设计院出具了基坑支护设计方案及施工图，根据设计方案，该基坑采用混凝土灌注桩排桩＋混凝土内支撑(一道)的形式支护，采用集水井及排水沟的方式降排水(同时在坑顶四周设置排水沟)。施工单位根据支护设计及现场实际情况编制了土方开挖及支护施工方案，并组织了专家论证，方案通过论证后由企业技术负责人及总监理工程师进行了审批。根据施工方案，本基坑土方采用岛式开挖，按照后浇带划分开挖区域，分段分层进行开挖。在开挖过程中，基坑周边及水平支撑顶部均设置了防护栏杆，施工单位委托第三方对基坑进行了监测。

2. 任务及要求

(1)依据上述背景相关信息及后附"基坑支护、土方作业检查评分表"(表5-4)的要求，结合工法楼中基坑工程的实际情况逐项进行检查并打分。

(2)评分表中的项目如在工法楼中无对应做法，按缺项打分。

(3)对于工法楼中的缺项，上网寻找相关图片，结合图片说明正确的做法或构造。

(4)该任务可以分组分工进行，每组3～5人。

3. 任务成果

(1)"基坑支护、土方作业检查评分表"一份。

(2)缺项内容对应的图片及说明(在文档中编辑)。

表 5-4　基坑支护、土方作业检查评分表

序号	检查项目		扣分标准	应得分数	扣减分数	实得分数
1	保证项目	施工方案	深基坑施工未编制支护方案扣 20 分；基坑深度超过 5 m 未编制专项支护设计扣 20 分；开挖深度 3 m 及以上未编制专项方案扣 20 分；开挖深度 5 m 及以上专项方案未经过专家论证扣 20 分；支护设计及土方开挖方案未经审批扣 15 分；施工方案针对性差不能指导施工扣 12～15 分	20		
2		临边防护	深度超过 2 m 的基坑施工未采取临边防护措施扣 10 分；临边及其他防护不符合要求扣 5 分	10		
3		基坑支护及支撑拆除	坑槽开挖设置安全边坡不符合安全要求扣 10 分；特殊支护的做法不符合设计方案扣 5～8 分；支护设施已产生局部变形又未采取措施调整扣 6 分；混凝土支护结构未达到设计强度提前开挖、超挖扣 10 分；支撑拆除没有拆除方案扣 10 分；未按拆除方案施工扣 5～8 分；应用专业方法拆除支撑，施工队伍没有专业资质扣 10 分	10		
4		基坑降排水	高水位地区深基坑内未设置有效降水措施扣 10 分；深基坑边界周围地面未设置排水沟扣 10 分；基坑施工未设置有效排水措施扣 10 分；深基础施工采用坑外降水，未采取防止临近建筑和管线沉降措施扣 10 分	10		
5		坑边荷载	积土、料具堆放距槽边距离小于设计规定扣 10 分；机械设备施工与槽边距离不符合要求且未采取措施扣 10 分	10		
	小计			60		
6	一般项目	上下通道	人员上下未设置专用通道扣 10 分；设置的通道不符合要求扣 6 分	10		
7		土方开挖	施工机械进场未经验收扣 5 分；挖土机作业时，有人员进入挖土机作业半径内扣 6 分；挖土机作业位置不牢、不安全扣 10 分；司机无证作业扣 10 分；未按规定程序挖土或超挖扣 10 分	10		
8		基坑支护变形监测	未按规定进行基坑工程监测扣 10 分；未按规定对毗邻建筑物和重要管线、道路进行沉降观测扣 10 分	10		
9		作业环境	基坑内作业人员缺少安全作业面扣 10 分；垂直作业上下未采取隔离防护措施扣 10 分；光线不足，未设置足够照明扣 5 分	10		
	小计			40		
	检查项目合计			100		

5.4 主体结构施工安全管理

课前认知

主体结构在施工过程中会涉及模板、钢筋、混凝土、砌筑等分项工程，且施工工期占比较大，劳动力及大型机械设备也相对集中，一旦发生安全事故，往往会导致群死群伤，造成巨大经济损失，带来不良社会影响。

理论学习

5.4.1 砌筑工程施工安全技术

砌筑工程是建筑工程施工中的重要内容之一。砌筑工程施工安全常因为技术简单、对人身安全造成的危害不大而被忽略。

1. 施工前的准备

(1)砂浆搅拌机械必须符合《建筑机械使用安全技术规程》(JGJ 33—2012)及《施工现场临时用电安全技术规范》(JGJ 46—2005)中的有关规定，施工中应定期对其进行检查、维修。

(2)悬空作业所用的索具、脚手板、吊篮、吊笼、平台等设备，均需要经过技术鉴定或认证方可使用。

(3)保障施工进场道路及运输通道环境符合安全要求并保持畅通。

2. 砌筑安全技术措施

(1)进入现场，必须佩戴好安全帽，扣好帽带，并正确使用个人劳动防护用具。

(2)操作人员必须身体健康，并经过专业培训考试合格，在取得有关部门颁发的操作证或特殊工种操作证后，方可独立操作，学员必须在师傅的指导下进行操作。

(3)悬空作业应有牢靠的立足处，配置防护网、栏杆或其他安全措施。

(4)砌基础时，应检查和经常观察基坑土质变化情况，有无崩裂现象，堆放的砖块材料应离开坑边 1 m 以上，当深基坑装设挡板支撑时，操作人员应设梯级上下，不得攀跳。运行不得碰撞支撑，也不得踩踏砌体和支撑上下。

(5)墙身砌体高度超过地坪 1.2 m 以上，应搭设脚手架。在一层以上或高度超过 4 m 时，应采用里脚手架(必须支搭安全网)、外脚手架(设护身栏和挡脚板)后方可砌筑。

(6)脚手架上堆放零星材料不得超过施工方案规定的荷载。

(7)在楼层施工时，堆放机械设备、砖块等物品不得超过使用荷载，如超过荷载时，必须经过验算采取有效加固措施后方可进行堆放和施工。

(8)不得站在墙顶上做划线、刮缝和清扫墙面或检查大角垂直等工作。

(9)不得用不稳固的工具或物体在脚手板面垫高操作；脚手板不允许有空头现象。

(10)砍砖时应面向内操作，防止碎砖弹出伤人。

(11)使用垂直运输的吊笼、绳索具等，必须满足负荷要求、牢固无损，吊运时不得超载，并须经常检查，发现问题及时修理。

(12)起重机吊砖要采用吊笼，吊砂浆料斗不能装得过满，起重机回转

视频：墙体倾倒
体验

范围内不得有人停留。

（13）砖料运输车辆两车前后距离在平道上不小于 2 m，坡道上不小于 10 m，卸砖时要先取高处后取低处，防止倒塌伤人。

（14）砌好的山墙，应将临时联系杆（如檩条等）放置在各跨山墙上，使其联系稳定，或采取其他有效的加固措施。

（15）冬期施工时，脚手板上有冰雪、积雪，应先清除后再上架子进行操作。

（16）如遇雨天及每天下班时，要做好防雨措施，以防止砂浆被雨水冲走，造成墙体倒塌。

（17）在同一垂直面内上下交叉作业时，必须设置安全隔板，下方操作人员必须佩戴好安全帽。

（18）人工垂直向上或向下（深坑）传递砖块，架子上的站人板宽度应不小于 60 cm。

5.4.2　模板施工安全技术

模板工程（也称为模板支撑体系）是指与现浇混凝土构件直接接触的木模面板、方木及其支撑杆件、连接件、固定件的统称。模板工程在搭设、拆除及使用过程中因设计不合理、操作不当或超载使用等原因，均可能引起失稳甚至整体倒塌，造成人员伤亡并产生巨大经济损失。模板工程的设计应准确、合理，支撑体系的搭设、使用和拆除必须严格按照施工方案执行。

1. 模板工程专项方案

（1）管模板支架施工前必须编制专项施工方案。

（2）模板支架专项施工方案应结合工程结构的高度、跨度、荷载和施工工艺等进行编制，并应包括以下内容。

1）工程概况。

2）搭设形式及材料选用。

3）设计计算。

4）构造措施。

5）搭设与拆除。

6）检查与验收。

7）施工质量与安全管理。

8）危险源辨识与应急预案。

9）模板支架的平面图、剖立面图及构造大样图。

（3）模板支架专项施工方案编制时，宜采用相关专业软件进行计算。

（4）模板支架专项施工方案应由施工企业技术负责人批准，并报总监理工程师批准。

（5）对高度超过 8 m，或跨度超过 18 m，或施工总荷载大于 15 kN/m²，或集中线荷载大于 20 kN/m 的模板支架，应组织专家论证。

（6）模板支架搭设前，应由项目技术负责人向全体操作人员进行安全技术交底。安全技术交底内容应与模板支架专项施工方案统一，交底的重点为材料控制、搭设参数、构造措施、操作方法和安全注意事项。最后，将安全技术交底形成书面记录，且交底方和全体被交底人员应在交底文件上签字确认。

2. 模板的安装

（1）底座与垫板安放应符合下列规定。

1)底座、垫板均应准确地放在定位线上。

2)垫板可采用木板、钢板或型钢等。

(2)纵横向扫地杆搭设应符合相关规范规定。

(3)立杆搭设应符合下列规定：

1)梁下支架立杆间距的偏差不宜大于 50 mm，板下支架立杆间距的偏差不宜大于 100 mm，水平杆间距的偏差不宜大于50 m，立杆垂直度偏差不宜大于1/200。

2)相邻立杆的对接扣件不得设在同一水平内，错开距离应符合相关规范规定。

(4)剪刀撑搭设应随立杆、纵向和横向水平杆等同步搭设。

(5)节点构造搭设应符合专项施工方案要求。当节点构造搭设不能满足专项施工方案要求时，应修改专项施工方案并按规定办理审批手续。

(6)扣件安装应符合下列规定：

1)扣件规格必须与钢管外径相匹配。

2)螺栓拧紧扭力矩不应小于 40 N·m，且不应大于 65 N·m。

3)在主节点处固定横向水平杆、纵向水平杆、剪刀撑等用的直角扣件、旋转扣件的中心点的相互距离不应大于 150 mm。

4)对接扣件开口应朝上或朝内。

5)各杆件端头伸出扣件盖板边缘的长度不应小于 100 mm。

(7)当高大模板支架紧临非高大模板支架时，高大模板支架宜与非高大模板支架同步搭设并进行有效连接。

(8)后浇带部位的模板支架应独立搭设并与相邻模板支架有效连接。

3. 检查与验收

(1)新钢管的进场检查与验收应符合下列规定：

1)应有产品质量合格证和质量检验报告。

2)应进行抽样检测，钢管材质检验方法应符合现行国家标准《金属材料 拉伸试验 第1部分：室温试验方法》(GB/T 228.1—2021)的有关规定，其质量应符合相关规范规定。

3)钢管表面应平直光滑，不应有裂缝、结疤、分层、错位、硬弯、毛刺、压痕和深的划道。

4)钢管外径、壁厚、端面等的偏差应符合相关规范规定。

(2)旧钢管的进场检查与验收应符合下列规定：

1)应进行抽样检测。

2)表面锈蚀深度应符合相关规范规定。锈蚀检查应每年一次。检查时，应在锈蚀严重的钢管中抽取三根，在每根锈蚀严重的部位横向截断取样检查，当锈蚀深度超过规定值时不得使用。

3)钢管弯曲变形应符合规范规定。

(3)扣件的进场检查与验收应符合下列规定。

1)应有生产许可证、产品质量合格证。

2)应进行抽样检测，其技术性能应符合《钢管脚手架扣件》(GB/T 15831—2023)的规定。

3)应逐个检查，有裂缝、变形、螺栓出现滑丝的严禁使用。

4)新、旧扣件均应进行防锈处理。

(4)可调托撑的进场检查与验收应符合下列规定：

1)应有产品质量合格证，其质量应符合相关规范规定。

2)应有质量检验报告，可调托撑抗压承载力应符合相关规范的规定。

3)可调托撑支托板厚度不应小于 5 mm，变形不应大于 1 mm。

4)应逐个检查，支托板、螺母有裂缝的严禁使用。

(5)构配件允许偏差应符合相关规范规定。

(6)模板支架地基基础及架体应在下列阶段进行检查与验收：

1)基础完工后及模板支架搭设前。

2)达到设计高度后。

3)遇有六级及以上大风或大雨后。

4)停止使用超过一个月。

(7)模板支架投入使用前，应由专业监理工程师组织施工单位项目专业技术负责人及相关人员进行验收。对于高大模板支架，总监理工程师及施工企业相关部门人员应参加验收。

(8)模板支架现场检查应包括地基与基础、搭设参数、构造措施及扣件螺栓拧紧扭力矩等。其中地基与基础、搭设参数、构造措施应符合专项施工方案及规范要求，立杆搭设误差、扣件螺栓拧紧扭力矩应符合相关规范的规定。

(9)安装后的扣件螺栓拧紧扭力矩应采用扭力扳手检查，抽样方法应按随机分布原则进行。

(10)拧紧扭力矩未达到要求的扣件必须重新拧紧，直至满足相关要求。

(11)对高大模板支架，可调底座和可调托撑应全数检查。

(12)对下层楼板或地下室顶板采取加固措施的模板支架，应检查加固措施与方案的符合性及加固的可靠性。

(13)模板支架验收后应形成记录。

4. 模板拆除

(1)底模及其支架拆除时的混凝土强度应符合设计要求；当设计无具体要求时，同条件养护的混凝土立方体试件抗压强度应符合表5-5的规定。

表 5-5　底模拆除时的混凝土强度要求

构件类型	构件跨度/m	按达到设计混凝土强度等级值的百分率计/%
板	≤2	≥50
	>2，≤8	≥75
	>8	≥100
梁、拱、壳	≤8	≥75
	>8	≥100
悬臂构件		≥100

(2)模板支架拆除的顺序和方法应符合专项施工方案的要求。

(3)可采取先支的后拆、后支的先拆，先拆非承重模板、后拆承重模板的顺序。

(4)后张法预应力混凝土结构构件，侧模宜在预应力张拉前拆除，底模及支架应在结构构件施加预应力完成后拆除。

(5)多个楼层间连续支模的底层支架拆除时，应保留拆除层上方不少于二层的模板支架。拆除时间应根据连续支模的楼层间荷载分配和混凝土强度的增长情况综合确定。

(6)模板支架拆除前，项目部应对拆除人员进行技术交底，并做好交底书面手续。

(7)拆除作业必须由上而下逐步进行，严禁上下同时作业。分段拆除的高差不应大于2

步。设有附墙连接件的模板支架，连接件必须随支架逐层拆除，严禁先将连接件全部或数步拆除后再拆除支架。

（8）卸料时应符合下列规定：

1）严禁将模板支架构配件由高处抛掷至地面。

2）运至地面的钢管、扣件及可调托撑应及时检查、整修与保养，剔除不合格的钢管、扣件，按品种、规格随时码堆存放。

5.4.3　钢筋加工施工安全技术

1. 钢筋加工场地和加工设备安全要求

（1）钢筋调直、切断、弯曲、除锈、冷拉等各种工序的加工机械必须符合《建筑机械使用安全技术规程》(JGJ 33—2012)的规定，保证安全装置齐全有效，动力线路、钢管从地坪下引入，机壳要有保护零线。

（2）施工现场用电必须符合《施工现场临时用电安全技术规范》(JGJ 46—2005)的规定。

（3）室外作业应设置操作棚，操作棚内应有堆放原料、半成品的场地。

（4）钢筋加工场地必须设专人看管，非钢筋加工制作人员不得擅自进入钢筋加工场地。

（5）各种加工机械在作业人员下班后一定要拉闸断电。

（6）制作成型钢筋时，场地要平整，工作台要稳固，照明灯必须加网罩。

2. 钢筋加工安全要求

（1）钢筋切断机械未达到正常运转时，不可切料。

（2）不得剪切直径及强度超过切断机铭牌额定的钢筋和烧红的钢筋。

（3）切断短料时，手和切刀之间的距离应保持在 150 mm 以上，如手握端小于 400 mm 时，应采用套管或夹具将钢筋短头压住或夹牢。

（4）运转中，严禁用手直接清除切刀附近的杂物。钢筋摆动和切刀周围不得停留非操作人员。

（5）钢筋调直在调直块未固定、防护罩未盖好前不得送料。作业中严禁打开各部防护罩及调整间隙。

（6）当钢筋送入后，手与曳轮必须保持一定的距离，不得接近。

（7）钢筋弯曲芯轴、挡铁轴、转盘等应无裂纹和损伤。防护罩坚固可靠，经空运转确认正常后，方可作业。

（8）钢筋弯曲作业时，将钢筋须弯曲一端插入在转盘固定销的间隙内，另一端紧靠机身固定销，并用力压紧，检查机身固定销确实安放在挡住钢筋的一侧，方可开动。

（9）钢筋弯曲作业时，严禁更换芯轴、销子和变换角度及调速等作业，也不得进行清扫和加油。

（10）使用对焊机前先检查手柄、压力机构、夹具等是否灵活可靠，根据被焊钢筋的规格调节好工作电压，通入冷却水并检查有无漏水现象。

（11）调整短路限位开关，使其在对焊焊接到达预定挤压量时能自动切断电源。

（12）电焊机通电后，应检查电气设备、操作机构、冷却系统、气路系统及机体外壳有无漏电等现象。

3. 半成品运输及安装安全要求

（1）加工好的钢筋现场堆放时应平稳、分散，防止由于倾倒、塌落而伤人。

（2）搬运钢筋时，应防止钢筋碰撞障碍物，防止在搬运中碰撞电线，发生触电事故。

（3）多人运送钢筋时，起、落、转、停动作要一致，人工上下传递时不得在同一垂直线上。

(4)对从事钢筋挤压连接和钢筋直螺纹连接施工的有关人员应经培训、考核后持证上岗，并经常进行安全教育，防止发生人身和设备安全事故。

(5)在高处进行安装操作，必须遵守现行国家标准《建筑施工高处作业安全技术规范》(JGJ 80—2016)的规定。

(6)在建筑物内的钢筋要分散堆放，高空绑扎、安装钢筋时，不得将钢筋集中堆放在模板和脚手架上。

(7)在高空、深坑绑扎钢筋和安装骨架，必须搭设脚手架和马道。

(8)绑架 3 m 以上的柱钢筋必须搭设操作平台，不得站在钢箍上绑架。对于已绑扎的柱骨架，应用临时支撑拉牢，以防止倾倒。

(9)绑扎圈梁、挑檐、外墙、边柱钢筋时，应搭设脚手架或悬挑架，并按规定挂好安全网。脚手架的搭设必须有专业架子工搭设且应符合安全操作规程。

(10)绑架筒式结构(如烟囱、水池等)，不得站在钢筋骨架上操作或上下。

(11)雨、雪、风力六级以上(含 6 级)天气不得露天作业。雨、雪天气后施工，清除积水、积雪后方可作业。

5.4.4 混凝土现场作业施工安全技术

1. 混凝土搅拌

(1)搅拌机必须安置在坚实的地方用支架或支脚筒架稳，不准用轮胎代替支撑。

(2)搅拌机开机前应检查离合器、制动器、齿轮、钢丝绳等是否良好，滚筒内不得有异物。

(3)进料斗升起时严禁人员在料斗下面通过或停留，机械运转过程中，严禁将工具伸入拌合筒内，工作完毕后料斗用挂钩挂牢。

(4)拌合机发生故障需要现场检修时应切断电源，进入滚筒清理时，外面应派人监护。

2. 混凝土运输

(1)使用手推车运送混凝土时，其运输通道应合理布置，使浇灌地点形成回路，避免车辆拥挤堵塞造成事故，运输通道应搭设平坦牢固，遇钢筋过密时可以用马凳支撑支设，马凳距离一般不超过 2 m。

(2)车向料斗倒料时，不得用力过猛或撒把，并应设有挡车措施。

(3)用井架、龙门架运输时，车把不得超过吊盘之外，车轮前后要挡牢，稳起稳落。

(4)用输送泵泵送混凝土时，管道接头、安全阀必须完好，管架必须牢固，输送前必须试送，检修时必须卸压。

(5)用塔式起重机运送混凝土时，小车必须焊有固定的吊环，吊点不得小于 4 个并应保持车身平衡；使用专用吊斗时吊环应牢固可靠，吊索钢筋应符合起重机械安全规程的要求。

3. 混凝土浇筑

(1)浇筑混凝土使用的溜槽及串桶节间必须连接牢靠，操作部位应有护身栏杆，不准直接站在溜槽帮上操作。

(2)浇筑高度在 3 m 以上的框架梁、柱混凝土应设置操作台，不得站在模板或支撑上操作。

(3)浇筑拱形结构，应自两边拱脚对称同时进行；浇筑圈梁、雨篷、阳台应设置防护措施；浇筑料仓下口应先封闭，并铺设临时脚手架，以防止人员坠落。

(4)混凝土振捣器应设置单一开关，并装设漏电保护器，插座插头应完好无损，电源线不得破皮、漏电，操作者应穿胶鞋，湿手不得触摸开关。

技能测试

1. 填空题

(1)悬空作业所用的索具、脚手板、吊篮、吊笼、平台等设备，均需经过_____或认证方可使用。

(2)墙身砌体高度超过地坪_____m以上，应搭设脚手架。当一层以上或高度超过_____m时，在采用里脚手架(必须支搭安全网)、外脚手架(设护身栏和挡脚板)后方可砌筑。

(3)对高度超过_____m，或跨度超过_____m，或施工总荷载大于_____kN/m²，或集中线荷载大于_____kN/m的模板支架，应组织_____。

(4)螺栓拧紧扭力矩不应小于_____N·m，且不应大于_____N·m。

(5)在主节点处固定横向水平杆、纵向水平杆、剪刀撑等用的直角扣件、旋转扣件的中心点的相互距离不应大于_____mm。

(6)拆除模板时可采取_____、_____，先拆_____、后拆_____的顺序。

2. 选择题

(1)多个楼层间连续支模的底层支架拆除时，应保留拆除层上方不少于( )层的模板支架。

A. 1   B. 2   C. 3   D. 5

(2)模板支架地基基础及架体应在( )进行检查与验收。

A. 基础完工后及模板支架搭设前

B. 达到设计高度后

C. 遇有六级及以上大风或大雨后

D. 停止使用超过半个月

(3)当设计无具体要求时，跨度为4 m的梁，同条件养护的混凝土立方体试件抗压强度达到( )时可拆除模板。

A. 50%   B. 70%   C. 75%   D. 100%

任务工单

1. 任务背景

某住宅楼为混凝土框架结构，地上10层。主体结构施工前，施工单位编制了模板工程专项施工方案，方案通过审批并备案。后经审查，模板工程施工方案中没有明确混凝土浇筑的方式。方案中明确了首层支架地基承载力特征值不得小于100 kPa，现场首层房间地面采用碎石土回填，实际承载力未达到100 kPa。

2. 任务及要求

(1)依据上述背景相关信息及后附"模板支架检查评分表"(表5-6)的要求，结合工法楼中模板工程的实际情况逐项进行检查并打分。

(2)评分表中的项目如在工法楼中无对应做法，按缺项打分。

(3)对于工法楼中的缺项，上网寻找相关图片，结合图片说明正确的做法或构造。

(4)该任务可以分组分工进行，每组3～5人。

3. 任务成果

(1)"模板支架检查评分表"一份。

(2)缺项内容对应的图片及说明(在文档中编辑)。

表 5-6 模板支架检查评分表

序号	检查项目		扣分标准	应得分数	扣减分数	实得分数
1	保证项目	施工方案	未按规定编制专项施工方案或结构设计未经设计计算扣15分;专项施工方案未经审核、审批扣15分;超过一定规模的模板支架,专项施工方案未按规定组织专家论证扣15分; 专项施工方案未明确混凝土浇筑方式扣10分	15		
2		立杆基础	立杆基础承载力不符合设计要求扣10分; 基础未设排水设施扣8分; 立杆底部未设置底座、垫板或垫板规格不符合规范要求每处扣3分	10		
3		支架稳定	支架高宽比大于规定值时,未按规定要求设置连墙杆扣15分; 连墙杆设置不符合规范要求每处扣5分; 未按规定设置纵、横向及水平剪刀撑扣15分;纵、横向及水平剪刀撑设置不符合规范要求扣5~10分	15		
4		施工荷载	施工均布荷载超过规定值扣10分;施工荷载不均匀,集中荷载超过规定值扣10分	10		
5		交底与验收	支架搭设(拆除)前未进行交底或无交底记录扣10分;支架搭设完毕未办理验收手续扣10分;验收无量化内容的扣5分	10		
	小计			60		
6	一般项目	立杆设置	立杆间距不符合设计要求扣10分; 立杆未采用对接连接每处扣5分; 立杆伸出顶层水平杆中心线至支撑点的长度大于规定值每处扣2分	10		
7		水平杆设置	未按规定设置纵、横向扫地杆或设置不符合规范要求每处扣5分;纵、横向水平杆间距不符合规范要求每处扣5分;纵、横向水平杆件连接不符合规范要求每处扣5分	10		
8		支架拆除	混凝土强度未达到规定值,拆除模板支架扣10分;未按规定设置警戒区或未设置专人监护扣8分	10		
9		支架材质	杆件弯曲、变形、锈蚀超标扣10分; 构配件材质不符合规范要求扣10分; 钢管壁厚不符合要求扣10分	10		
	小计			40		
	检查项目合计			100		

5.5　脚手架工程施工安全管理

课前认知

　　脚手架的搭设、拆除作业属悬空、攀登高处作业，其作业人员必须按照国家有关规定经过专门的安全作业培训，并取得特种作业操作资格证书后，方可上岗作业。其他无资格证书的作业人员只能做一些辅助工作，严禁悬空、登高作业。

理论学习

5.5.1　一般规定

　　(1)施工脚手架的材料与构配件选用、设计、搭设、使用、拆除、检查与验收必须执行《施工脚手架通用规范》(GB 55023—2022)的要求。

　　(2)脚手架应稳固可靠，保证工程建设的顺利实施与安全，并应遵循下列原则：

　　1)符合国家资源节约利用、环保、防灾减灾、应急管理等政策。

　　2)保障人身、财产和公共安全。

　　3)鼓励脚手架的技术创新和管理创新。

　　(3)工程建设所采用的技术方法和措施是否符合《施工脚手架通用规范》(GB 55023—2022)的要求并由相关责任主体判定。其中，创新性的技术方法和措施应进行论证并符合规范及有关性能的要求。

　　(4)脚手架性能应符合下列规定：

　　1)脚手架应满足承载力设计要求。

　　2)脚手架不应发生影响正常使用的变形。

　　3)脚手架应满足使用要求，并应具有安全防护功能。

　　4)附着或支承在工程结构上的脚手架，不应使所附着的工程结构或支承脚手架的工程结构受到损害。

　　(5)脚手架应根据使用功能和环境进行设计。

　　(6)脚手架搭设和拆除作业以前，应根据工程特点编制脚手架专项施工方案，并应经审批后实施。脚手架专项施工方案应包括下列主要内容：

　　1)工程概况和编制依据。

　　2)脚手架类型选择。

　　3)所用材料、构配件类型及规格。

　　4)结构与构造设计施工图。

　　5)结构设计计算书。

　　6)搭设、拆除施工计划。

视频：外架综合体验

　　7)搭设、拆除技术要求。

　　8)质量控制措施。

　　9)安全控制措施。

　　10)应急预案。

(7)脚手架搭设和拆除作业前，应将脚手架专项施工方案向施工现场管理人员及作业人员进行安全技术交底。

(8)脚手架在使用过程中，不应改变其结构体系。

(9)当脚手架专项施工方案需要修改时，修改后的方案应经审批后实施。

5.5.2 材料与构配件

(1)脚手架材料与构配件的性能指标应满足脚手架使用的需要，质量应符合国家现行相关标准的规定。

(2)脚手架材料与构配件应有产品质量合格证明文件。

(3)脚手架所用杆件和构配件应配套使用，并应满足组架方式及构造要求。

(4)脚手架材料与构配件在使用周期内，应及时检查、分类、维护、保养，及时报废不合格品并形成文件记录。

(5)对于无法通过结构分析、外观检查和测量检查确定性能的材料与构配件，应通过试验确定其受力性能。

5.5.3 脚手架设计

(1)一般规定。

1)脚手架设计应采用以概率理论为基础的极限状态设计方法，并应以分项系数设计表达式进行计算。

2)脚手架结构应按承载能力极限状态和正常使用极限状态进行设计。

3)脚手架地基应符合下列规定：

①应平整坚实，应满足承载力和变形要求。

②应设置排水措施，搭设场地不应积水。

③冬期施工应采取防冻胀措施。

4)应对支撑脚手架的工程结构和脚手架所附着的工程结构进行强度和变形验算。当验算不能满足安全承载要求时，应根据验算结果采取相应的加固措施。

(2)荷载。

1)脚手架承受的荷载应包括永久荷载和可变荷载。

2)脚手架的永久荷载应包括下列内容。

①脚手架结构件自重。

②脚手板、安全网、栏杆等附件的自重。

③支撑脚手架所支撑的物体自重。

④其他永久荷载。

3)脚手架的可变荷载应包括下列内容。

①施工荷载。

②风荷载。

③其他可变荷载。

4)脚手架可变荷载标准值的取值应符合下列规定：

①应根据实际情况确定作业脚手架上的施工荷载标准值，且不应低于表5-7的规定。

表 5-7　作业脚手架施工荷载标准值

表 5-7　作业脚手架施工荷载标准值

序号	作业脚手架用途	施工荷载标准值/(kN·m⁻²)
1	砌筑工程作业	3.0
2	其他主体结构工程作业	2.0
3	装饰装修作业	2.0
4	防护	1.0

②当作业脚手架上存在 2 个及以上作业层同时作业时,在同一跨距内各操作层的施工荷载标准值总和取值不应小于 5.0 kN/m²。

③应根据实际情况确定支撑脚手架上的施工荷载标准值,且不应低于表 5-8 的规定。

表 5-8　支撑脚手架施工荷载标准值

类别		施工荷载标准值/(kN·m⁻²)
混凝土结构模板支撑脚手架	一般	2.5
	有水平泵管设置	4.0
钢结构安装支撑脚手架	轻钢结构、轻钢空间网架结构	2.0
	普通钢结构	3.0
	重型钢结构	3.5

④支撑脚手架上移动的设备、工具等物品应按其自重计算可变荷载标准值。

5)在计算水平风荷载标准值时,高耸塔式结构、悬臂结构等特殊脚手架结构应计入风荷载的脉动增大效应。

6)对于脚手架上的动力荷载,应将振动、冲击物体的自重乘以动力系数 1.35 后计入可变荷载标准值。

7)脚手架设计时,荷载应按承载能力极限状态和正常使用极限状态计算的需要分别进行组合,还应根据正常搭设、使用或拆除过程中在脚手架上可能同时出现的荷载,取最不利的荷载组合。

(3)结构设计。

1)脚手架设计计算应根据工程实际施工工况进行,结果应满足对脚手架强度、刚度、稳定性的要求。

2)脚手架结构设计计算应依据施工工况选择具有代表性的最不利杆件及构配件,以其最不利截面和最不利工况作为计算条件,计算单元的选取应符合下列规定。

①应选取受力最大的杆件、构配件。

②应选取跨距、间距变化和几何形状、承力特性改变部位的杆件、构配件。

③应选取架体构造变化处或薄弱处的杆件、构配件。

④当脚手架上有集中荷载时,还应选取集中荷载作用范围内受力最大的杆件、构配件。

3)脚手架杆件和构配件强度应按净截面计算;杆件和构配件稳定性、变形应按毛截面计算。

4)当脚手架按承载能力极限状态设计时,应采用荷载基本组合和材料强度设计值计算。

当脚手架按正常使用极限状态设计时，应采用荷载标准组合和变形限值进行计算。

5)脚手架受弯构件容许挠度应符合表5-9的规定。

表5-9　脚手架受弯构件容许挠度

构件类别	容许挠度/mm
脚手板、水平杆件	$L/150$ 与 10 取较小值
作业脚手架悬挑受弯构件	$L/400$
模板支撑脚手架受弯构件	$L/400$

注：L 为受弯构件的计算跨度，对悬挑构件为悬挑长度的 2 倍。

6)模板支撑脚手架应根据施工工况对连续支撑进行设计计算，并应按最不利的工况计算确定支撑层数。

(4)构造要求。

1)脚手架构造措施应合理、齐全、完整，并应保证架体传力清晰、受力均匀。

2)脚手架杆件连接节点应具备足够强度和转动刚度，架体在使用期内节点应无松动。

3)脚手架立杆间距、步距应通过设计确定。

4)脚手架作业层应采取安全防护措施并应符合下列规定。

①作业脚手架、满堂支撑脚手架、附着式升降脚手架作业层应满铺脚手板，并应满足稳固可靠的要求。当作业层边缘与结构外表面的距离大于 150 mm 时，应采取防护措施。

②采用挂钩连接的钢脚手板，应带有自锁装置且与作业层水平杆锁紧。

③木脚手板、竹串片脚手板、竹芭脚手板应有可靠的水平杆支承，并应绑扎稳固。

④脚手架作业层外边缘应设置防护栏杆和挡脚板。

⑤作业脚手架底层脚手板应采取封闭措施。

⑥沿所施工建筑物每 3 层或高度不大于 10 m 处应设置一层水平防护。

⑦作业层外侧应采用安全网封闭。当采用密目安全网封闭时，安全网应满足阻燃要求。

⑧脚手板伸出横向水平杆以外的部分不应大于 200 mm。

5)脚手架底部立杆应设置纵向和横向扫地杆，扫地杆应与相邻立杆连接稳固。

6)作业脚手架应按设计计算和构造要求设置连墙件，并应符合下列要求。

①连墙件应采用能承受压力和拉力的刚性构件，并应与工程结构和架体连接牢固。

②连墙点的水平间距不得超过 3 跨，竖向间距不得超过 3 步，连墙点之上架体的悬臂高度不应超过 2 步。

③在架体的转角处、开口型作业脚手架端部应增设连墙件，连墙件竖向间距不应大于建筑物层高，且不应大于 4 m。

7)作业脚手架的纵向外侧立面上应设置竖向剪刀撑，并应符合下列规定。

①每道剪刀撑的宽度应为 4～6 跨，且不应小于 6 m，也不应大于 9 m；剪刀撑斜杆与水平面的倾角应在 45°～60°。

②当搭设高度在 24 m 以下时，应在架体两端、转角及中间每隔不超过 15 m 各设置一道剪刀撑，并应由底至顶连续设置；当搭设高度在 24 m 及以上时，应在全外侧立面上由底至顶连续设置。

③悬挑脚手架、附着式升降脚手架应在全外侧立面上由底至顶连续设置。

8)悬挑脚手架立杆底部应与悬挑支承结构可靠连接；应在立杆底部设置纵向扫地杆，并应间断设置水平剪刀撑或水平斜撑杆。

9)附着式升降脚手架应符合下列规定。

①竖向主框架、水平支承桁架应采用桁架或刚架结构，杆件应采用焊接或螺栓连接。

②应设有防倾、防坠、停层、荷载、同步升降控制装置，各类装置应灵敏可靠。

③在竖向主框架所覆盖的每个楼层均应设置一道附墙支座；每道附墙支座应能承担竖向主框架的全部荷载。

④当采用电动升降设备时，电动升降设备连续升降距离应大于一个楼层高度，并应有制动和定位功能。

10)应对下列部位的作业脚手架采取可靠的构造加强措施：

①附着、支承于工程结构的连接处。

②平面布置的转角处。

③塔式起重机、施工升降机、物料平台等设施断开或开洞处。

④楼面高度大于连墙件设置竖向高度的部位。

⑤工程结构突出物影响架体正常布置处。

11)临街作业脚手架的外侧立面、转角处应采取有效硬防护措施。

12)支撑脚手架独立架体高宽比不应大于 3.0。

13)支撑脚手架应设置竖向和水平剪刀撑，并应符合下列规定：

①剪刀撑的设置应均匀、对称。

②每道竖向剪刀撑的宽度应为 6～9 m，剪刀撑斜杆的倾角应在 45°～60°。

14)支撑脚手架水平杆应按步距沿纵向和横向通长连续设置，且应与相邻立杆连接稳固。

15)脚手架可调底座和可调托撑调节螺杆插入脚手架立杆内的长度不应小于 150 mm，且调节螺杆伸出长度应经计算确定，并应符合下列规定：

①当插入的立杆钢管直径为 42 mm 时，伸出长度不应大于 200 mm。

②当插入的立杆钢管直径为 48.3 mm 及以上时，伸出长度不应大于 500 mm。

16)可调底座和可调托撑螺杆插入脚手架立杆钢管内的间隙不应大于 2.5 mm。

5.5.4 脚手架搭设、使用与拆除

(1)个人防护。

1)搭设和拆除脚手架作业应有相应的安全措施，操作人员应佩戴个人防护用品，应穿防滑鞋。

2)在搭设和拆除脚手架作业时，应设置安全警戒线、警戒标志，并应由专人监护，严禁非作业人员入内。

3)当在脚手架上架设临时施工用电线路时，应有绝缘措施，操作人员应穿绝缘防滑鞋；脚手架与架空输电线路之间应设有安全距离，并应设置接地、防雷设施。

4)当在狭小空间或空气不流通空间进行搭设、使用和拆除脚手架作业时，应采取保证足够的氧气供应措施，并应防止有毒有害、易燃易爆物质积聚。

(2)脚手架搭设。

1)脚手架应按顺序搭设并应符合下列规定。

①落地作业脚手架、悬挑脚手架的搭设应与主体结构工程施工同步，一次搭设高度不应超过最上层连墙件 2 步，且自由高度不应大于 4 m。

②剪刀撑、斜撑杆等加固杆件应随架体同步搭设。

③构件组装类脚手架的搭设应自一端向另一端延伸，应自下而上按步逐层搭设；并应逐

层改变搭设方向。

④每搭设完一步距架体后，应及时校正立杆间距、步距、垂直度及水平杆的水平度。

2）作业脚手架连墙件安装应符合下列规定。

①连墙件的安装应随作业脚手架搭设同步进行。

②当作业脚手架操作层高出相邻连墙件2个步距及以上时，在上层连墙件安装完毕前，应采取临时拉结措施。

3）悬挑脚手架、附着式升降脚手架在搭设时，悬挑支承结构、附着支座的锚固应稳固可靠。

4）脚手架安全防护网和防护栏杆等防护设施应随架体搭设同步安装到位。

（3）脚手架使用。

1）脚手架作业层上的荷载不得超过荷载设计值。

2）雷雨天气、6级及以上大风天气应停止架上作业；雨、雪、雾天气应停止脚手架的搭设和拆除作业，雨、雪、霜后上架作业应采取有效的防滑措施，雪天应清除积雪。

3）严禁将支撑脚手架、缆风绳、混凝土输送泵管、卸料平台及大型设备的支承件等固定在作业脚手架上。严禁在作业脚手架上悬挂起重设备。

4）脚手架使用过程中，应定期进行检查并形成记录，脚手架工作状态应符合下列规定：

①主要受力杆件、剪刀撑等加固杆件和连墙件应无缺失、无松动，架体应无明显变形。

②场地应无积水，立杆底端应不松动、不悬空。

③安全防护设施应齐全、有效，应无损坏缺失。

④附着式升降脚手架支座应稳固，防倾、防坠、停层、荷载、同步升降控制装置应处于良好工作状态，架体升降应正常平稳。

⑤悬挑脚手架的悬挑支承结构应稳固。

5）当遇到下列情况之一时，应对脚手架进行检查并应形成记录，确认安全后方可继续使用：

①承受偶然荷载后。

②遇有6级及以上强风后。

③大雨及以上降水后。

④冻结的地基土解冻后。

⑤停用超过1个月。

⑥架体部分拆除。

⑦其他特殊情况。

6）脚手架在使用过程中出现安全隐患时，应及时排除；当出现下列状态之一时，应立即撤离作业人员，并应及时组织检查处置：

①杆件、连接件因超过材料强度破坏，或因连接节点产生滑移，或因过度变形而不适用于继续承载。

②脚手架部分结构失去平衡。

③脚手架结构杆件发生失稳。

④脚手架发生整体倾斜。

⑤地基部分失去继续承载的能力。

7）支撑脚手架在浇筑混凝土、工程结构件安装等施加荷载的过程中，架体下严禁有人。

8）在脚手架内进行电焊、气焊和其他动火作业时，应在动火申请批准后进行作业，并应采取设置接火斗、配置灭火器、移开易燃物等防火措施，并应同时设专人监护。

9)脚手架使用期间，严禁在脚手架立杆基础下方及附近实施挖掘作业。

10)附着式升降脚手架在使用过程中不得拆除防倾、防坠、停层、荷载、同步升降控制装置。

11)当附着式升降脚手架在升降作业时或外挂防护架在提升作业时，架体上严禁有人，架体下方不得进行交叉作业。

(4)脚手架拆除。

1)脚手架拆除前，应清除作业层上的堆放物。

2)脚手架的拆除作业应符合下列规定：

①架体拆除应按自上而下的顺序逐层进行，不应上下同时作业。

②同层杆件和构配件应按先外后内的顺序拆除；剪刀撑、斜撑杆等加固杆件应在拆卸至该部位杆件时拆除。

③作业脚手架连墙件应随架体逐层、同步拆除，不应先将连墙件整层或数层拆除后再拆架体。

④作业脚手架在拆除作业过程中，当架体悬臂段高度超过 2 步时，应加设临时拉结。

3)作业脚手架分段拆除时，应先对未拆除部分采取加固处理措施后再进行架体拆除。

4)架体拆除作业应统一组织，并应设专人指挥，不得交叉作业。

5)严禁高空抛掷拆除后的脚手架材料与构配件。

5.5.5　脚手架检查与验收

(1)对搭设脚手架的材料、构配件质量，应按进场批次分品种、规格进行检验，检验合格后方可使用。

(2)脚手架材料、构配件质量现场检验应采用随机抽样的方法进行外观质量、实测实量检验。

(3)附着式升降脚手架支座及防倾、防坠、荷载控制装置、悬挑脚手架悬挑结构件等涉及架体使用安全的构配件应全数检验。

(4)脚手架在搭设过程中，应在下列阶段进行检查，检查合格后方可使用；不合格应进行整改，整改合格后方可使用：

1)基础完工后及脚手架搭设前。

2)首层水平杆搭设后。

3)作业脚手架每搭设一个楼层高度。

4)附着式升降脚手架支座、悬挑脚手架悬挑结构搭设固定后。

5)附着式升降脚手架在每次提升前、提升就位后，以及每次下降前、下降就位后。

6)外挂防护架在首次安装完毕、每次提升前、提升就位后。

7)搭设支撑脚手架，高度每 2～4 步或不大于 6m。

(5)脚手架搭设达到设计高度或安装就位后，应进行验收，验收不合格的，不得使用。脚手架的验收应包括下列内容：

1)材料与构配件质量。

2)搭设场地、固定支承结构件。

3)架体搭设质量。

4)施工方案、产品合格证、使用说明、检测报告、检查记录、测试记录等技术资料。

技能测试

1. 填空题

(1) 设计脚手架时应采用以_____为基础的_____方法，并应以_____系数设计表达式进行计算。

(2) 脚手架结构应按承载能力_____状态和_____状态进行设计。

(3) 应对支撑脚手架的工程结构和脚手架所附着的工程结构进行_____和_____验算，当验算不能满足安全承载要求时，应根据验算结果采取相应的加固措施。

(4) 脚手架承受的荷载应包括_____荷载和_____荷载。

(5) 当作业脚手架上存在_____个及以上作业层同时作业时，在同一跨距内各操作层的施工荷载标准值总和取值不应小于_____kN/m²。

(6) 每道剪刀撑的宽度应为4~6跨，且不应小于_____m，也不应大于_____m；剪刀撑斜杆与水平面的倾角应在_____°~_____°。

2. 选择题

(1) 脚手架的可变荷载应包括(　　)。

    A. 施工荷载   B. 风荷载

    C. 钢筋自重   D. 地震荷载

(2) 脚手架的永久荷载应包括(　　)。

    A. 脚手架结构件的自重

    B. 脚手板、安全网、栏杆等附件的自重

    C. 支撑脚手架所支撑的物体自重

    D. 风荷载

(3) 当脚手架搭设高度在(　　)m及以上时，应在全外侧立面上由底至顶连续设置。

    A. 15   B. 20   C. 24   D. 50

任务工单

1. 任务背景

某住宅楼为混凝土框架结构，地上10层。主体结构施工采用承插型盘扣式脚手架围护，脚手架落地搭设，搭设高度为32.5 m。施工单位编制了脚手架专项施工方案并通过审批签字备案。施工现场完成脚手架的搭设后，总承包单位组织了检查验收。

2. 任务及要求

(1) 依据上述背景相关信息及后附"承插型盘扣式钢管支架检查评分表"(表5-10)的要求，结合工法楼中外脚手架工程的实际情况逐项进行检查并打分。

(2) 评分表中的项目如在工法楼中无对应做法，按缺项打分。

(3) 对于工法楼中的缺项，上网寻找相关图片，结合图片说明正确的做法或构造。

(4) 该任务可以分组分工进行，每组3~5人。

3. 任务成果

(1) "承插型盘扣式钢管支架检查评分表"一份。

(2) 缺项内容对应的图片及说明(在文档中编辑)。

表 5-10　承插型盘扣式钢管支架检查评分表

序号	检查项目		扣分标准	应得分数	扣减分数	实得分数
1	保证项目	施工方案	未编制专项施工方案或搭设高度超过 24 m 未另行专门设计和计算扣 10 分；专项施工方案未按规定审核、审批扣 10 分	10		
2		架体基础	架体基础不平、不实、不符合方案设计要求扣 10 分；架体立杆底部缺少垫板或垫板的规格不符合规范要求每处扣 2 分；架体立杆底部未按要求设置底座每处扣 1 分；未按规范要求设置纵、横向扫地杆扣 5～10 分；未设置排水措施扣 8 分	10		
3		架体稳定	架体与建筑结构未按规范要求拉结每处扣 2 分；架体底层第一步水平杆处未按规范要求设置连墙件或未采用其他可靠措施固定每处扣 2 分；连墙件未采用刚性杆件扣 10 分；未按规范要求设置竖向斜杆或剪刀撑扣 5 分；竖向斜杆两端未固定在纵、横向水平杆与立杆汇交的盘扣结点处，每处扣 2 分； 斜杆或剪刀撑未沿脚手架高度连续设置或角度不符合要求扣 5 分	10		
4		杆件	架体立杆间距、水平杆步距超过规范要求扣 2 分； 未按专项施工方案设计的步距在立杆连接盘处设置纵、横向水平杆扣 10 分；双排脚手架的每步水平杆层，当无挂扣钢脚手板时未按规范要求设置水平斜杆扣 5～10 分	10		
5		脚手板	脚手板不满铺或铺设不牢、不稳扣 7～10 分；脚手板规格或材质不符合要求扣 7～10 分；采用钢脚手板时挂钩未挂扣在水平杆上或挂钩未处于锁住状态每处扣 2 分	10		
6		交底与验收	脚手架搭设前未进行交底或未留有交底记录扣 5 分；脚手架分段搭设分段使用未办理分段验收扣 10 分；脚手架搭设完毕未办理验收手续扣 10 分；未记录量化验收内容扣 5 分	10		
	小计			60		

序号	检查项目		扣分标准	应得分数	扣减分数	实得分数
7	一般项目	架体防护	架体外侧未设置密目式安全网封闭或网间不严扣7~10分；作业层未在外侧立杆的1 m和0.5 m的盘扣节点处设置上、中两道水平防护栏杆扣5分；作业层外侧未设置高度不小于180 mm的挡脚板扣3分	10		
8		杆件接长	立杆竖向接长位置不符合要求扣5分；搭设悬挑脚手架时，立杆的承插接长部位未采用螺栓为立杆连接件固定扣7~10分；剪刀撑的斜杆接长不符合要求扣5~8分	10		
9		架体内封闭	作业层未用安全平网双层兜底，且以下每隔10 m未用安全平网封闭扣7~10分；作业层与主体结构间的空隙未封闭扣5~8分	10		
10		材质	钢管、构配件的规格、型号、材质或产品质量不符合规范要求扣5分；钢管弯曲、变形、锈蚀严重扣5分	5		
11		通道	未设置人员上下专用通道扣5分；通道设置不符合要求扣3分	5		
	小计			40		
	检查项目合计			100		

5.6 高处作业施工安全管理

课前认知

按照《高处作业分级》(GB/T 3608—2008)中的规定，高处作业是指在距离坠落高度基准面2 m或2 m以上有可能坠落的高处进行的作业。在施工现场高处作业中，如果未防护、防护不好或作业不当都可能发生人或物的坠落。具体来讲，人从高处坠落的事故，称为高处坠落事故；物体从高处坠落砸中下面的人事故，称为物体打击事故。长期以来，预防施工现场高处作业的高处坠落、物体打击事故始终是施工安全生产的首要任务。

理论学习

5.6.1 基本规定

(1)高处作业的安全技术措施及其所需料具，必须列入工程的施工组织设计。

(2)单位工程施工负责人应对工程的高处作业安全技术负责并建立相应的责任制。在施工前，应逐级进行安全技术教育及交底，落实所有安全技术措施和人身防护用品，未经落实时不得进行施工。

147

（3）高处作业中的安全标志、工具、仪表、电气设施和各种设备，必须在施工前加以检查，确认其完好，方能投入使用。

（4）攀登和悬空高处作业人员及搭设高处作业安全设施的人员，必须经过专业技术培训及专业考试合格，持证上岗，并必须定期进行体格检查。

（5）施工中对高处作业的安全技术设施，发现有缺陷和隐患时，必须及时解决；危及人身安全时，必须停止作业。

（6）施工作业场所有坠落可能的物件，应一律先行撤除或加以固定。高处作业中所用的物料均应堆放平稳，不妨碍通行和装卸。工具应随手放入工具袋；作业中的走道、通道板和登高用具，应随时清扫干净；拆卸下的物件、余料和废料均应及时清理运走，不得任意乱置或向下丢弃。传递物件禁止抛掷。

（7）雨天和雪天进行高处作业时，必须采取可靠的防滑、防寒和防冻措施。凡水、冰、霜、雪均应及时清除。对进行高处作业的高耸建筑物，应事先设置避雷设施。遇有六级以上强风、浓雾等恶劣天气时，不得进行露天攀登与悬空高处作业。暴风雪及台风暴雨后，应对高处作业安全设施逐一加以检查，发现有松动、变形、损坏或脱落等现象，应立即修理完善。

（8）因作业必需，临时拆除或变动安全防护设施时，必须经施工负责人同意，并采取相应的可靠措施，作业后应立即恢复。

（9）防护棚搭设与拆除时，应设警戒区，并应派专人监护。严禁上下同时拆除。

（10）高处作业安全设施的主要受力杆件，力学计算按一般结构力学公式，强度及挠度计算按现行有关规范进行，但钢受弯构件的强度计算不用考虑塑性影响，在构造上应符合相关规范的要求。

5.6.2 "三宝、四口"及临边作业安全防护

（1）安全帽。

1）进入施工现场的人员必须正确佩戴安全帽。

2）现场使用的安全帽必须是符合现行国家标准的合格产品。

（2）安全网。

1）在建工程外侧应使用密目式安全网进行封闭。

2）安全网的材质应符合规范要求。

3）现场使用的安全网必须是符合现行国家标准的合格产品。

视频："三宝、四口五临边"防护教育

（3）安全带。

1）现场高处作业人员必须系挂安全带。

2）安全带的系挂使用应符合现行规范要求。

3）现场作业人员使用的安全带应符合现行国家标准。

（4）临边防护。

1）作业面边沿应设置连续的临边防护栏杆。

2）临边防护栏杆应严密、连续。

3）防护设施应达到定型化、工具化。

（5）洞口防护。

1）在建工程的预留洞口、楼梯口、电梯井口应有防护措施。

视频：洞口坠落体验

2）防护措施、设施应铺设严密，并应符合相关规范的要求。

3）防护设施应达到定型化、工具化。

4）电梯井内应每隔二层（不大于 10 m）设置一道安全平网。

(6)通道口防护。

1)通道口防护应严密、牢固。

2)防护棚两侧应设置防护措施。

3)防护棚宽度应大于通道口宽度，长度应符合相关规范的要求。

4)建筑物高度超过 30 m 时，通道口防护顶棚应采用双层防护。

5)防护棚的材质应符合相关规范的要求。

(7)攀登作业。

1)梯脚底部应坚实，不得垫高使用。

2)折梯使用时上部夹角以 35°～45°为宜，关应设有可靠的拉撑装置。

视频：人字梯安全体验

3)梯子的制作质量和材质应符合相关规范的要求。

(8)悬空作业。

1)悬空作业处应设置防护栏杆或其他可靠的安全措施。

2)悬空作业所使用的索具、吊具、料具等设备应为经过技术鉴定或验证、验收的合格产品。

(9)移动式操作平台。

视频：垂直爬梯体验

1)操作平台的面积不应超过 10 m²，高度不应超过 5 m。

2)移动式操作平台轮子与平台连接应牢固、可靠，立柱底端距地面高度不得大于 80 mm。

3)操作平台应按相关规范的要求进行组装，铺板应严密。

4)操作平台四周应按相关规范的要求设置防护栏杆，并设置登高扶梯。

5)操作平台的材质应符合相关规范的要求。

(10)物料平台。

1)物料平台应有相应的设计计算，并按设计要求进行搭设。

2)物料平台支撑系统必须与建筑结构进行可靠连接。

3)物料平台的材质应符合相关规范及设计的要求，并应在平台上设置荷载限定标牌。

(11)悬挑式钢平台。

1)悬挑式钢平台应有相应的设计计算，并按设计要求进行搭设。

2)悬挑式钢平台的搁支点与上部拉结点，必须位于建筑结构上。

3)斜拉杆或钢丝绳应按要求两边各设置前后两道。

4)钢平台两侧必须安装固定的防护栏杆，并应在平台上设置荷载限定标牌。

5)钢平台台面、钢平台与建筑结构间铺板应严密、牢固。

🖫 技能测试

填空题

(1)凡在坠落高度基准面_____m 以上(含_____m)的可能坠落的高处所进行的作业，均称为高处作业。

(2)人从高处坠落的事故，称为高处坠落事故；物体从高处坠落砸中下面的人事故，称为_____事故。

(3)建筑物高度超过_____m 时，通道口防护顶棚应采用双层防护。

(4)折梯使用时上部夹角以_____°～_____°为宜，并应设有可靠的拉撑装置。

(5)操作平台的面积不应超过_____m²，高度不应超过_____m。

(6)悬挑式钢平台的搁支点与上部拉结点，必须位于_____上。

任务工单

1. 任务背景

某酒店工程，建筑高度为 67.8 m，外立面采用玻璃幕墙，拟采用吊篮施工幕墙。施工单位编制的吊篮专项施工方案中，明确了吊篮使用的各项要求，但是未对屋顶吊篮支架支撑承载力进行验算，因此监理单位拒绝签字。

2. 任务及要求

（1）依据上述背景相关信息及后附"高处作业吊篮检查评分表"（表 5-11）的要求，结合工法楼中施工吊篮的实际情况逐项进行检查并打分。

（2）评分表中的项目如在工法楼中无对应做法，按缺项进行打分。

（3）对于工法楼中的缺项，上网寻找相关图片，结合图片说明正确的做法或构造。

（4）该任务可以分组分工进行，每组 3～5 人。

3. 任务成果

（1）"高处作业吊篮检查评分表"一份。

（2）缺项内容对应的图片及说明（在文档中编辑）。

表 5-11 高处作业吊篮检查评分表

序号	检查项目		扣分标准	应得分数	扣减分数	实得分数
1	保证项目	施工方案	未编制专项施工方案或未对吊篮支架支撑处结构的承载力进行验算扣10分； 专项施工方案未按规定审核、审批扣10分	10		
2		安全装置	未安装安全锁或安全锁失灵扣10分； 安全锁超过标定期限仍在使用扣10分； 未设置挂设安全带专用安全绳及安全锁扣，或安全绳未固定在建筑物可靠位置扣10分； 吊篮未安装上限位装置或限位装置失灵扣10分	10		
3		悬挂机构	悬挂机构前支架支撑在建筑物女儿墙上或挑檐边缘扣10分； 前梁外伸长度不符合产品说明书规定扣10分；前支架与支撑面不垂直或脚轮受力扣10分；前支架调节杆未固定在上支架与悬挑梁连接的结点处扣10分；使用破损的配重件或采用其他替代物扣10分；配重件的质量不符合设计规定扣10分	10		
4		钢丝绳	钢丝绳磨损、断丝、变形、锈蚀达到报废标准扣10分；安全绳规格、型号与工作钢丝绳不相同或未独立悬挂每处扣5分；安全绳不悬垂扣10分；利用吊篮进行电焊作业未对钢丝绳采取保护措施扣6～10分	10		
5		安装	使用未经检测或检测不合格的提升机扣10分；吊篮平台组装长度不符合规范要求扣10分；吊篮组装的构配件不是同一生产厂家的产品扣5～10分	10		
6		升降操作	操作升降人员未经培训合格扣10分；吊篮内作业人员数量超过2人扣10分；吊篮内作业人员未将安全带使用安全锁扣正确挂置在独立设置的专用安全绳上扣10分；吊篮正常使用，人员未从地面进入篮内扣10分	10		
小计				60		

序号	检查项目		扣分标准	应得分数	扣减分数	实得分数
7	一般项目	交底与验收	未履行验收程序或验收表未经责任人签字扣10分；每天班前、班后未进行检查扣5～10分；吊篮安装、使用前未进行交底扣5～10分	10		
8		防护	吊篮平台周边的防护栏杆或挡脚板的设置不符合相关规范的要求扣5～10分； 多层作业未设置防护顶板扣7～10分	10		
9		吊篮稳定	吊篮作业未采取防摆动措施扣10分； 吊篮钢丝绳不垂直或吊篮距离建筑物空隙过大扣10分	10		
10		荷载	施工荷载超过设计规定扣5分； 荷载堆放不均匀扣10分； 利用吊篮作为垂直运输设备扣10分	10		
小计				40		
检查项目合计				100		

5.7 施工机械与临时用电安全管理

课前认知

施工机械是建筑企业施工生产任务的强有力支撑，在建筑施工过程中，各类建筑机械，尤其是大型起重机械的广泛使用可以提高施工效率，降低工程成本。做好建筑施工机械的安全技术管理是保证施工顺利开展的基础。

建筑施工用电是指施工过程中的用电，又称为临时用电。为了保障施工现场的用电安全，也为了防止触电和电气火灾事故发生，必须加强对建筑施工临时用电的安全管理。

理论学习

5.7.1 施工机械安全管理

施工企业技术部门应在工程项目开工前编制包括主要施工机械设备安装防护技术的安全技术措施，并报工程项目监理单位审查批准。施工项目总承包单位应对分包单位、机械租赁方执行安全技术措施的情况进行监督。分包单位、机械租赁方应接受项目经理部的统一管理，严格履行各自的机械设备安全技术管理方面的职责。

1. 施工机械安全管理的一般规定

(1)施工单位应对进入施工现场的机械设备的安全装置和操作人员的资质进行审验，不合格的机械和人员不得进入施工现场。

(2)严禁拆除机械设备上的自动控制机构、力矩限位器等安全装置，以及监测、指示、仪表、报警器等自动报警、信号装置。其调试和故障的排除应由专业人员负责进行。施工机械的电气设备必须由专职电工进行维护和检修。

（3）机械设备在冬季使用时，应执行建筑机械冬期使用的有关规定。

（4）处在运行和运转中的机械严禁对其进行维修、保养或调整等作业。

（5）机械设备应按时保养，当发现有漏保、失修或超载、带病运转等情况时，有关部门应当停止使用。

（6）机械操作人员和配合人员都必须按规定穿戴劳动保护用品，且长发不得外露。高空作业人员必须系安全带，不得穿硬底鞋和拖鞋。严禁从高处往下投掷物品。

（7）机械进入作业地点后，施工技术人员应向机械操作人员进行施工任务及安全技术措施交底。操作人员应熟悉作业环境和施工条件，听从指挥，遵守现场安全规则。

（8）当使用机械设备与安全发生矛盾时，必须服从安全的要求。

2. 塔式起重机的使用安全要求

（1）一般规定。

1）塔式起重机安装、拆卸单位必须具有从事塔式起重机安装、拆卸业务的资质。

2）塔式起重机安装、拆卸单位应具备安全管理保证体系，有健全的安全管理制度。

3）塔式起重机安装、拆卸作业应配备下列人员：

①持有安全生产考核合格证书的项目负责人和安全负责人、机械管理人员。

②具有建筑施工特种作业操作资格证书的建筑起重机械安装拆卸工、起重司机、起重信号工、司索工等特种作业操作人员。

4）塔式起重机应具有特种设备制造许可证、产品合格证、制造监督检验证明，并已在县级以上地方住房城乡建设主管部门备案登记。

5）塔式起重机启用前应检查下列项目。

①塔式起重机的备案登记证明等文件。

②建筑施工特种作业人员的操作资格证书。

③专项施工方案。

④辅助起重机械的合格证及操作人员资格证书。

6）塔式起重机的选型和布置应满足工程施工要求，便于安装和拆卸，并不得损害周边其他建筑物或构筑物。

7）严禁使用有下列情况之一的塔式起重机。

①国家明令淘汰的产品。

②超过规定使用年限经评估不合格的产品。

③不符合现行国家相关标准的产品。

④没有完整安全技术档案的产品。

8）塔式起重机安装、拆卸前，应编制专项施工方案，指导作业人员实施安装、拆卸作业。专项施工方案应根据塔式起重机使用说明书和作业场地的实际情况编制，并应符合现行国家相关标准的规定。专项施工方案应由本单位技术、安全、设备等部门审核，由技术负责人审批后，经监理单位批准实施。

9）塔式起重机与架空输电线的安全距离应符合现行国家标准《塔式起重机安全规程》（GB 5144—2006）的规定。

10）当多台塔式起重机在同一施工现场交叉作业时，应编制专项方案，并应采取防碰撞的安全措施。任意两台塔式起重机之间的最小架设距离应符合下列规定。

①低位塔式起重机的起重臂端部与另一台塔式起重机的塔身之间的距离不得小于 2 m。

②高位塔式起重机的最低位置的部件(或吊钩升至最高点或平衡重的最低部位)与低位塔式起重机中处于最高位置部件之间的垂直距离不得小于 2 m。

11)在塔式起重机的安装、使用及拆卸阶段,进入现场的作业人员必须做好佩戴安全帽、穿防滑鞋、系安全带等防护措施,无关人员严禁进入作业区域内。在安装、拆卸作业期间,应设警戒区。

12)塔式起重机在安装前和使用过程中,发现有下列情况之一的,不得安装和使用。

①结构件上有可见裂纹和严重锈蚀的。

②主要受力构件存在塑性变形的。

③连接件存在严重磨损和塑性变形的。

④钢丝绳达到报废标准的。

⑤安全装置不齐全或失效的。

视频:钢丝绳体验

13)塔式起重机使用时,起重臂和吊物下方严禁有人员停留;物件吊运时,严禁从人员上方通过。

14)严禁用塔式起重机载运人员。

(2)塔式起重机的使用。

1)塔式起重机起重司机、起重信号工、司索工等操作人员应取得特种作业人员资格证书,严禁无证上岗。

2)塔式起重机使用前,应对起重司机、起重信号工、司索工等作业人员进行安全技术交底。

3)塔式起重机的力矩限制器、重量限制器、变幅限位器、行走限位器、高度限位器等安全保护装置不得随意调整和拆除,严禁用限位装置代替操纵机构。

4)塔式起重机回转、变幅、行走、起吊动作前应示意警示。起吊时应统一指挥,明确指挥信号;当指挥信号不清楚时,不得起吊。

5)塔式起重机起吊前,当吊物与地面或其他物件之间存在吸附力或摩擦力而未采取处理措施时,不得起吊。

6)塔式起重机起吊前,应对安全装置进行检查,确认合格后方可起吊;安全装置失灵时,不得起吊。

7)塔式起重机起吊前,应按要求对吊具与索具进行检查,确认合格后方可起吊;吊具与索具不符合相关规定的,不得用于起吊作业。

8)作业中遇突发故障,应采取措施将吊物降落到安全地点,严禁吊物长时间悬挂在空中。

9)遇有风速在 12 m/s 及以上的大风或大雨、大雪、大雾等恶劣天气时,应停止作业。雨、雪过后,应先经过试吊,确认制动器灵敏可靠后方可进行作业。夜间施工应有足够照明,且照明用电的安装应符合《施工现场临时用电安全技术规范》(JGJ 46—2005)的规定。

10)塔式起重机不得起吊质量超过额定荷载的吊物,且不得起吊质量不明的吊物。

11)在吊物荷载达到额定荷载的 90%时,应先将吊物吊离地面 200～500 mm 后,检查机械状况、制动性能、物件绑扎情况等,确认无误后方可起吊。对有晃动的物件,必须拴拉溜绳使之稳固。

12)物件起吊时应绑扎牢固,不得在吊物上堆放或悬挂其他物件;零星材料起吊时,必须用吊笼或钢丝绳绑扎牢固。当吊物上站人时不得起吊。

13)标有绑扎位置或记号的物件,应按标明位置绑扎。钢丝绳与物件的夹角宜为 45°～60°,且不得小于 30°。吊索与吊物棱角之间应有防护措施;未采取防护措施不得起吊。

14）作业完毕后，应松开回转制动器，各部件应置于非工作状态，控制开关应置于零位，并应切断总电源。

15）行走式塔式起重机停止作业时，应锁紧夹轨器。

16）当塔式起重机使用高度超过 30 m 时，应配置障碍灯，起重臂根部铰点高度超过 50 m 时应配备风速仪。

17）严禁在塔式起重机塔身上附加广告牌或其他标语牌。

18）每班作业应做好例行保养，并应做好记录。记录的主要内容应包括结构件外观、安全装置、传动机构、连接件、制动器、索具、夹具、吊钩、滑轮、钢丝绳、液位、油位、油压、电源、电压等。

19）实行多班作业的设备，应执行交接班制度，认真填写交接班记录，接班司机经检查确认无误后，方可开机作业。

20）塔式起重机应实施各级保养。转场时，应做转场保养，并应有记录。

21）塔式起重机的主要部件和安全装置等应进行经常性检查，每月不得少于 1 次，并应有记录；当发现有安全隐患时，应及时进行整改。

22）当塔式起重机使用周期超过一年时，应进行一次全面检查，合格后方可继续使用。

23）当塔式起重机在使用过程中发生故障时，应及时对其维修，维修期间应停止作业。

（3）塔式起重机的拆卸。

1）塔式起重机的拆卸作业宜连续进行；当遇特殊情况拆卸作业不能继续时，应采取措施保证塔式起重机处于安全状态。

2）当用于拆卸作业的辅助起重设备设置在建筑物上时，应明确设置位置、锚固方法，并应对辅助起重设备的安全性及建筑物的承载能力等进行验算。

3）拆卸前应检查主要结构件、连接件、电气系统、起升机构、回转机构、变幅机构、顶升机构等项目。发现隐患应采取措施，解决后方可进行拆卸作业。

4）附着式塔式起重机应明确附着装置的拆卸顺序和方法。

5）自升式塔式起重机每次降节前，应检查顶升系统和附着装置的连接等，确认完好后方可进行作业。

6）拆卸时应先降节、后拆除附着装置。

7）拆卸完毕后，为塔式起重机拆卸作业而设置的所有设施应拆除，清理场地上作业时所用的吊索具、工具等各种零配件和杂物。

3. 施工升降机的使用安全要求

（1）安全装置。

1）应安装起重量限制器，且性能应灵敏、可靠。

2）应安装渐进式防坠安全器并应灵敏可靠，应在有效的标定期内使用。

3）对重钢丝绳应安装防松绳装置，并应灵敏可靠。

4）吊笼的控制装置应安装非自动复位型的急停开关，任何时候均可切断控制电路停止吊笼运行。

5）底架应安装吊笼和对重缓冲器，缓冲器应符合相关规范的要求。

6）SC 型施工升降机应安装一对以上安全钩。

（2）限位装置。

1）应安装非自动复位型极限开关并应灵敏可靠。

2）应安装自动复位型上、下限位开关并应灵敏可靠，上、下限位开关安装位置应符合相关规范的要求。

3)上极限开关与上限位开关之间的安全越程不应小于0.15 m。

4)极限开关、限位开关应设置独立的触发元件。

5)吊笼门应安装机电联锁装置并应灵敏可靠。

6)吊笼顶窗应安装电气安全开关并应灵敏可靠。

(3)防护设施。

视频：龙门架

1)吊笼和对重升降通道周围应安装地面防护围栏，防护围栏的安装高度、强度应符合相关规范的要求，围栏门应安装机电联锁装置并应灵敏可靠。

2)地面出入通道防护棚的搭设应符合相关规范的要求。

3)停层平台两侧应设置防护栏杆、挡脚板，平台脚手板应铺满、铺平。

4)层门安装高度、强度应符合规范要求，并应定型化。

(4)附墙架。

1)附墙架应采用配套标准产品，当附墙架不能满足施工现场要求时，应对附墙架另行设计，附墙架的设计应满足构件刚度、强度、稳定性等要求，制作应满足设计要求。

2)附墙架与建筑结构连接方式、角度应符合产品说明书要求。

3)附墙架间距、最高附着点以上导轨架的自由高度应符合产品说明书要求。

(5)钢丝绳、滑轮与对重。

1)对重钢丝绳绳数不得少于2根且应相互独立。

2)钢丝绳磨损、变形、锈蚀应在规范允许范围内。

3)钢丝绳的规格、固定应符合产品说明书及相关规范的要求。

4)滑轮应安装钢丝绳防脱装置并应符合相关规范的要求。

5)对重重量、固定应符合产品说明书要求。

6)对重除导向轮、滑靴外应设有防脱轨保护装置。

(6)导轨架。

1)导轨架垂直度应符合相关规范的要求。

2)标准节的质量应符合产品说明书及相关规范的要求。

3)对重导轨应符合相关规范的要求。

4)标准节连接螺栓使用应符合产品说明书及相关规范的要求。

视频：电梯超载体验

(7)基础。

1)基础制作、验收应符合说明书及相关规范的要求。

2)基础设置在地下室顶板或楼面结构上，应对其支承结构进行承载力验算。

3)基础应设有排水设施。

(8)电气安全。

1)施工升降机与架空线路的安全距离和防护措施应符合相关规范的要求。

2)电缆导向架设置应符合说明书及相关规范的要求。

3)施工升降机在其他避雷装置保护范围外应设置避雷装置，并应符合相关规范的要求。

(9)安拆、验收与使用。

1)安装、拆卸单位应具有起重设备安装工程专业承包资质和安全生产许可证。

2)安装、拆卸应制定专项施工方案，并经过审核、审批。

3)安装完毕应履行验收程序，验收表格应由责任人签字确认。

4)安装、拆卸作业人员及司机应持证上岗。

5)用施工升降机作业前，应按规定进行例行检查，并应填写检查记录。

6)实行多班作业，应按规定填写交接班记录。

5.7.2 施工现场临时用电安全技术

1. 临时用电施工方案

(1)临时用电施工方案的范围。按照《施工现场临时用电安全技术规范》(JGJ 46—2005)的规定，临时用电设备在 5 台及 5 台以上或设备总容量在 50 kW 及以上者，应编制临时用电施工方案；临时用电设备在 5 台以下和设备总容量在 50 kW 以下者，应制定安全用电技术措施及电气防火措施。这是施工现场临时用电管理应遵循的第一项技术原则。

(2)临时用电施工方案的程序。

1)临时用电工程图纸应单独绘制，临时用电工程应按图施工。

2)临时用电施工方案编制及变更时，必须履行"编制、审核、批准"程序，由电气工程技术人员组织编制，经相关部门审核及具有法人资格企业的技术负责人批准后实施。变更用电组织设计时应补充有关图纸资料。

(3)临时用电施工方案的主要内容。

1)现场勘测。

2)确定电源进线、变电所或配电室、配电装置、用电设备位置及线路走向。

3)进行负荷计算。

4)选择变压器。

5)设计配电系统。

①设计配电线路，选择导线或电缆。

②设计配电装置，选择电器。

③设计接地装置。

④绘制临时用电工程图纸，主要包括用电工程总平面图、配电装置布置图、配电系统接线图、接地装置设计图。

⑤设计防雷装置。

⑥确定防护措施。

⑦制定安全用电措施和电气防火措施。

(4)临时用电施工方案审批。

1)施工现场临时用电施工方案必须由施工单位的电气工程技术人员编制，技术负责人审核。封面上要注明工程名称、施工单位、编制人并加盖单位公章。

2)施工单位所编制的临时用电施工方案，必须符合《施工现场临时用电安全技术规范》(JGJ 46—2005)中的有关规定。

3)临时用电施工方案必须在开工前 15 d 内报上级主管部门审核，经批准后方可进行临时用电施工。施工时要严格执行审核后的施工方案，按图施工。当需要变更方案时，应补充有关图纸资料，同样需要上报主管部门批准，待批准后，按照修改前后的临时用电施工方案对照施工。

2. 电工及用电人员的要求

(1)电工必须经过现行国家标准考核，合格后才能持证上岗工作；其他用电人员必须通过相关职业健康安全教育培训和技术交底，待考核合格后方可上岗工作。

(2)安装、巡检、维修或拆除临时用电设备和线路，必须由电工完成，并应有人监护。电工等级应同工程的难易程度和技术复杂性相适应。

(3)各类用电人员应掌握安全用电基本知识和所用设备的性能，并应符合下列规定：

1)使用电气设备前必须按规定穿戴和配备好相应的劳动防护用品,并应检查电气装置和保护设施,严禁设备带"缺陷"运转。

2)用电人员应保管和维护所用设备,发现问题及时报告解决。

3)现场暂时停用设备的开关箱必须分断电源隔离开关,并应关门上锁。

4)用电人员移动电气设备时,必须经电工切断电源并做好妥善处理后再进行。

3. 临时用电安全技术交底

对于现场中一些固定机械设备的防护和操作应进行以下交底:

(1)开机前,认真检查开关箱内的控制开关设备是否齐全有效,漏电保护器是否可靠,发现问题及时向工长汇报,由工长派电工处理。

(2)开机前,应仔细检查电气设备的接零保护线端子有无松动,严禁赤手触摸一切带电绝缘导线。

(3)严格执行安全用电规范,凡属于电气维修、安装的工作,必须由电工来操作,严禁非电工进行电工作业。

(4)施工现场临时用电施工必须执行施工组织设计和职业健康安全操作规程。

4. 外电防护

(1)在建工程不得在外电架空线路正下方施工、搭设作业棚、建造生活设施或堆放构件、架具、材料及其他杂物等。

(2)施工现场开挖沟槽边缘与外电埋地电缆沟槽边缘之间的距离不得小于0.5 m。

(3)防护设施宜采用木、竹或其他绝缘材料搭设,不宜采用钢管等金属材料搭设。防护设施应坚固、稳定,且对外电线路的隔离防护应达到IP30级。

(4)架设防护设施时,必须经有关部门批准,采取线路暂时停电或其他可靠的安全技术措施,并应有电气工程技术人员和专职安全人员监护。

(5)在外电架空线路附近开挖沟槽时,必须会同有关部门采取加固措施,以防止外电架空线路电杆倾斜、悬倒。

(6)电气设备现场周围不得存放易燃易爆物、污染源和腐蚀介质,否则应予以清除或做防护处理,其防护等级必须与环境条件相适应。

(7)电气设备设置场所应能避免物体打击和机械损伤,否则应做防护处理。

5. 配电室

(1)配电室应靠近电源,并应设在灰尘少、潮气少、振动小、无腐蚀介质、无易燃易爆物及道路畅通的地方。

(2)成列的配电柜和控制柜两端应与重复接地线及保护零线做电气连接。

(3)配电室和控制室应能自然通风,并应采取防止雨雪侵入和动物进入的措施。

(4)配电室内的布置要符合以下要求:

1)配电柜正面的操作通道宽度,单列布置或双列背对背布置不小于1.5 m,双列面对面布置不小于2 m。

2)配电柜后面的维护通道宽度,单列布置或双列面对面布置不小于0.8 m,双列背对背布置不小于1.5 m,若个别地点有建筑物结构凸出之外,则此点通道宽度可减少0.2 m。

3)配电柜侧面的维护通道宽度应不小于1 m。

4)配电室的顶棚与地面的距离应不低于3 m。

5)配电室内设置值班室或检修室时,该室边缘与配电柜的水平距离应大于1 m,并采取屏障隔离。

6)配电室内的裸母线与地面垂直距离小于 2.5 m 时，应采用遮拦隔离，遮拦下面通道的高度不小于 1.9 m。

7)配电室围栏上端与其正上方带电部分的净距不小于 0.075 m。

8)配电装置的上端距离顶棚应不小于 0.5 m。

9)配电室内的母线涂刷有色油漆，以标志相序。以配电柜正面方向为基准，其涂色应符合表 5-12 的规定。

表 5-12　母线涂色规定

相别	颜色	垂直排列	水平排列	引下排列
L₁(A)	黄	上	后	左
L₂(B)	绿	中	中	中
L₃(C)	红	下	前	右
N	淡蓝	—	—	—

10)配电室建筑物和构筑物的耐火等级应不低于 3 级，室内配置砂箱和可用于扑灭电气火灾的灭火器。

11)配电室的门应向外开并配锁。

12)配电室的照明应分别设置正常照明和事故照明。

(5)配电柜应装设电度表，并应装设电流表、电压表。电流表与计费电度表不得共用一组电流互感器。

(6)配电柜应装设电源隔离开关及短路、过载、漏电保护电器。电源隔离开关分断时应有明显可见分断点。

(7)配电柜应编号，并应有用途标记。

(8)配电柜或配电线路停电维修时，应挂接地线，并应悬挂"禁止合闸，有人工作"停电标志牌。停送电必须由专人负责。

(9)配电室应保持整洁，不得堆放任何妨碍操作、维修的杂物。

6. 电缆线路

(1)电缆中必须包含全部工作芯线和用作保护零线或保护线的芯线。需要三相四线制配电的电缆线路必须采用五芯电缆。五芯电缆必须包含淡蓝、绿/黄两种颜色绝缘芯线。淡蓝色芯线必须用作 N 线；绿/黄双色芯线必须用作 PE 线，严禁混用。

(2)电缆线路应采用埋地或架空敷设，严禁沿地面明设，并应避免机械损伤和介质腐蚀。埋地电缆路径应设方位标志。

(3)电缆类型应根据敷设方式、环境条件选择。埋地敷设宜选用铠装电缆，当选用无铠装电缆时，应能防水、防腐。架空敷设宜选用无铠装电缆。

(4)埋地电缆在穿越建筑物、构筑物、道路、易受机械损伤和介质腐蚀场所及引出地面从 2.0 m 高到地下 0.2 m 处，必须加设防护套管，防护套管内径不应小于电缆外径 1.5 倍。

(5)在建工程内的电缆线路必须采用电缆埋地引入，严禁穿越脚手架引入。电缆垂直敷设应充分利用在建工程的竖井、垂直孔洞等，并宜靠近电负荷中心，每楼层固定点不得少于 1 处。电缆水平敷设宜沿墙或门口刚性固定，最大弧垂距离地面不得小于 2.0 m。

(6)装饰装修工程或其他特殊阶段，应补充编制单项施工用电方案。电源线可沿墙角、地面敷设，但应采取防机械损伤和电火措施，可采用穿阻燃绝缘管或线槽等遮护的办法。

(7)电缆直接埋地敷设的深度不应小于 0.7 m，并应在电缆紧邻上、下、左、右侧均匀敷设不小于 50 mm 厚的细砂，然后覆盖砖或混凝土板等硬质保护层。

(8)埋地电缆与其附近外电电缆和管沟的平行间距不得小于 2 m，交叉间距不得小于 1 m。

(9)埋地电缆的接头应设在地面上的接线盒内，接线盒应能防水、防尘、防机械损伤，并应远离易燃、易爆、易腐蚀场所。

(10)架空电缆应沿电杆、支架或墙壁敷设，并采用绝缘子固定，绑扎线必须采用绝缘线，固定点间距应保证电缆能承受自重所带来的荷载，敷设高度应符合《施工现场临时用电安全技术规范》(JGJ 46—2005)关于架空线路敷设高度的要求，但沿墙壁敷设时最大弧垂距离地面不得小于 2.0 m。

(11)架空电缆严禁沿脚手架、树木或其他设施敷设。

7. 施工照明

(1)一般场所。

1)现场照明宜选用额定电压为 220 V 的照明器，并采用高光效、长寿命的照明光源。对需大面积照明的场所，应采用高压汞灯、高压钠灯或混光用的卤钨灯等。

2)照明变压器必须使用双绕组型安全隔离变压器，严禁使用自耦变压器。

3)照明系统宜使三相负荷平衡，其中每一单相回路上，灯具和插座数量不应超过 25 个，负荷电流不宜超过 15 A。

4)室外 220 V 灯具距地面不得低于 3 m，室内 220 V 灯具距离地面不得低于 2.5 m。

5)普通灯具与易燃物距离不宜小于 300 mm；聚光灯、碘钨灯等高热灯具与易燃物距离不宜小于 500 mm，且不得直接照射易燃物。达不到规定距离时，应采取隔热措施。

6)碘钨灯及钠、铊、铟等金属卤化物灯具的安装高度宜在 3 m 以上，灯线应固定在接线柱上，不得靠近灯具表面。

7)螺口灯头及其接线应符合下列要求。

①灯头的绝缘外壳无损伤、无漏电。

②相线连接在与中心触头相连的一端，零线连接在与螺纹口相连的一端。

8)暂设工程的照明灯具宜采用拉线开关控制，开关安装位置宜符合下列要求：

①拉线开关距离地面高度为 2~3 m，与出入口的水平距离为 0.15~0.2 m，且拉线的出口向下。

②其他开关距离地面高度为 1.3 m，与出入口的水平距离为 0.15~0.2 m。

9)携带式变压器的一次侧电源线应采用橡皮护套或塑料护套铜芯软电缆，中间不得有接头，长度不宜超过 3 m，其中，绿/黄双色线只可作 PE 线使用，电源插销应有保护触头。

(2)特殊场所。

1)下列特殊场所应使用安全电压照明器：

①隧道，人防工程，高温、有导电灰尘、比较潮湿或灯具离地面高度低于 2.5 m 的场所等的照明，电源电压不应大于 36 V。

②潮湿和易触及带电体场所的照明，电源电压不得大于 24 V。

③特别潮湿场所、导电良好的地面、锅炉或金属容器内的照明，电源电压不得大于 12 V。

2)使用行灯应符合下列要求。

①电源电压不大于 36 V。

②灯体与手柄应坚固、绝缘良好并耐热耐潮湿。

③灯头与灯体结合牢固，灯头无开关。

④灯泡外部有金属保护网。

⑤金属网、反光罩、悬吊挂钩固定在灯具的绝缘部位上。

3)路灯的每个灯具应单独装设熔断器保护，灯头线应做防水弯。

4)荧光灯管应采用管座固定或用吊链悬挂，荧光灯镇流器不得安装在易燃的结构物上。

5)投光灯的底座应安装牢固，按需要的光轴方向将枢轴拧紧固定。

6)灯具内的接线必须牢固，灯具外的接线必须做可靠的防水绝缘包扎。

7)灯具的相线必须经开关控制，不得将相线直接引入灯具。

8)对夜间影响飞机飞行或车辆通行的在建工程及机械设备，必须设置醒目的红色信号灯，其电源应设置在施工现场总电源开关前侧，并应设置外电线路停止供电时的应急自备电源。

🗐 技能测试

1. 填空题

(1)严禁拆除机械设备上的自动控制机构、力矩限位器等_____装置，以及监测、指示、仪表、报警器等_____报警、_____装置。

(2)群塔作业时，低位塔式起重机的起重臂端部与另一台塔式起重机的塔身之间的距离不得小于_____m。

(3)群塔作业时，高位塔式起重机的最低位置的部件(或吊钩升至最高点或平衡重的最低部位)与低位塔式起重机中处于最高位置部件之间的垂直距不得小于_____m。

(4)遇风速在_____m/s及以上的大风或大雨、大雪、大雾等恶劣天气时，应停止作业。

(5)在吊物荷载达到额定荷载的90%时，应先将吊物吊离地面_____~_____mm，检查机械状况、制动性能、物件绑扎情况等，待确认无误后方可起吊。

(6)SC型施工升降机应安装一对以上的_____。

2. 选择题

(1)施工升降机上极限开关与上限位开关之间的安全越程不应小于(　　)m。

A. 1　　　　　　B. 0.2　　　　　　C. 0.15　　　　　　D. 0.05

(2)临时用电设备在5台及5台以上或设备总容量在(　　)kW及以上者，应编制临时用电施工方案。

A. 25　　　　　　B. 50　　　　　　C. 100　　　　　　D. 45

(3)临时用电设备在(　　)台以下和设备总容量在50 kW以下者，应制定安全用电技术措施及电气防火措施。

A. 2　　　　　　B. 10　　　　　　C. 5　　　　　　D. 3

🗐 任务工单

1. 任务背景

在某施工现场，施工单位对现场的临时用电进行了布置，为应付检查，将本单位施工过的类似项目的临时用电施工组织设计稍作改动，交由监理单位进行了审批。相关人员在现场对相关设备设施进行验收并记录下来。

2. 任务及要求

(1)依据上述背景相关信息及后附"施工用电检查评分表"(表5-13)的要求，结合工法楼中配电、用电的实际情况逐项进行检查并打分。

(2)评分表中的项目如在工法楼中无对应做法，按缺项打分。

(3)对于工法楼中的缺项，上网寻找相关图片，结合图片说明正确的做法或构造。

(4)该任务可以按分组分工进行，每组3～5人。

3. 任务成果

(1)"施工用电检查评分表"一份。

(2)缺项内容对应的图片及说明(在文档中编辑)。

表 5-13　施工用电检查评分表

序号	检查项目		扣分标准	应得分数	扣减分数	实得分数
1	保证项目	外电防护	外电线路与在建工程(含脚手架)、高大施工设备、场内机动车道之间小于安全距离且未采取防护措施扣 10 分；防护设施和绝缘隔离措施不符合规范扣 5～10 分；在外电架空线路正下方施工、建造临时设施或堆放材料物品扣 10 分	10		
2		接地与接零保护系统	施工现场专用变压器配电系统未采用 TN-S 接零保护方式扣 20 分；配电系统未采用同一保护方式扣 10～20 分；保护零线引出位置不符合规范扣 10～20 分；保护零线装设开关、熔断器或与工作零线混接扣 10～20 分；保护零线材质、规格及颜色标记不符合规范每处扣 3 分；电气设备未接保护零线每处扣 3 分；工作接地与重复接地的设置和安装不符合规范扣 10～20 分；工作接地电阻大于 4 Ω，重复接地电阻大于 10 Ω 扣 10～20 分；施工现场防雷措施不符合规范扣 5～10 分	20		
3		配电线路	线路老化破损，接头处理不当扣 10 分；线路未设短路、过载保护扣 5～10 分；线路截面不能满足负荷电流每处扣 2 分；线路架设或埋设不符合规范扣 5～10 分；电缆沿地面明敷扣 10 分；使用四芯电缆外加一根线替代五芯电缆扣 10 分；电杆、横担、支架不符合要求每处扣 2 分	10		
4		配电箱与开关箱	配电系统未按"三级配电、二级漏电保护"设置扣 10～20 分；用电设备违反"一机、一闸、一漏、一箱"每处扣 5 分；配电箱与开关箱结构设计、电器设置不符合规范扣 10～20；总配电箱与开关箱未安装漏电保护器每处扣5分；漏电保护器参数不匹配或失灵每处扣 3 分；配电箱与开关箱内闸具损坏每处扣 3 分；配电箱与开关箱进线和出线混乱每处扣 3 分；配电箱与开关箱内未绘制系统接线图和分路标记每处扣 3 分；配电箱与开关箱未设门锁、未采取防雨措施每处扣 3 分；配电箱与开关箱安装位置不当、周围杂物多等不便操作每处扣 3 分；分配电箱与开关箱的距离、开关与用电设备的距离不符合规范每处扣 3 分	20		
	小计			60		

序号	检查项目		扣分标准	应得分数	扣减分数	实得分数
5		配电室与配电装置	配电室建筑耐火等级低于 3 级扣 15 分； 配电室未配备合格的消防器材扣 3～5 分； 配电室、配电装置布设不符合规范扣 5～10 分； 配电装置中的仪表、电器元件设置不符合规范或损坏、失效扣 5～10 分； 备用发电机组未与外电线路进行连锁扣 15 分； 配电室未采取防雨雪和小动物侵入的措施扣 10 分；配电室未设警示标志、工地供电平面图和系统图扣 3～5 分	15		
6	一般项目	现场照明	照明用电与动力用电混用每处扣 3 分； 特殊场所未使用 36 V 及以下安全电压扣 15 分； 手持照明灯未使用 36 V 以下电源供电扣 10 分； 照明变压器未使用双绕组安全隔离变压器扣 15 分； 照明专用回路未安装漏电保护器每处扣 3 分； 灯具金属外壳未接保护零线每处扣 3 分； 灯具与地面、易燃物之间小于安全距离每处扣 3 分；照明线路接线混乱和安全电压线路接头处未使用绝缘布包扎扣 10 分	15		
7		用电档案	未制定专项用电施工组织设计或设计缺乏针对性扣 5～10 分； 专项用电施工组织设计未履行审批程序，实施后未组织验收扣 5～10 分； 接地电阻、绝缘电阻和漏电保护器检测记录未填写或填写不真实扣 3 分； 安全技术交底、设备设施验收记录未填写或填写不真实扣 3 分；定期巡视检查、隐患整改记录未填写或填写不真实扣 3 分； 档案资料不齐全、未设专人管理扣 5 分	10		
	小计			40		
	检查项目合计			100		

5.8　施工现场防火安全管理

📖 课前认知

随着我国城市化进程的加快，建筑业取得了快速的发展，大量新型建筑材料的应用给施工防火工作增加了难度，提出了新的要求，因此，做好建筑施工现场的防火工作十分重要。

5.8.1　施工现场平面布置

1. 防火间距要求

施工现场临时办公、生活、生产、物料存储等功能区宜相对独立布置，防火间距应符合下列规定：

（1）易燃易爆危险品库房与在建工程的防火间距不应小于 15 m，可燃材料堆场及其加工场、固定动火作业场与在建工程的防火间距不应小于 10 m，其他临时用房、临时设施与在建工程的防火间距不应小于 6 m。

视频：动火
作业安全

（2）施工现场主要临时用房、临时设施的防火间距不应小于表 5-14 的规定。当办公用房、宿舍成组布置时，其防火间距可适当减小，但应符合下列规定。

1）每组临时用房的栋数不应超过 10 栋，组与组之间的防火间距不应小于 8 m。

2）组内临时用房之间的防火间距不应小于 3.5 m。当建筑构件燃烧性能等级为 A 级时，其防火间距可降低至 3 m。

表 5-14　施工现场主要临时用房、临时设施的防火间距　　　　　　　m

名称间距名称	防火间距						
	办公用房、宿舍	发电机房、变配电房	可燃材料库房	厨房操作间、锅炉房	可燃材料堆场及其加工场	固定动火作业场	易燃易爆危险品库房
办公用房、宿舍	4	4	5	5	7	7	10
发电机房、变配电房	4	4	5	5	7	7	10
可燃材料库房	5	5	5	5	7	7	10
厨房操作间、锅炉房	5	5	5	5	7	7	10
可燃材料堆场及其加工场	7	7	7	7	10	10	10
固定动火作业场	7	7	7	7	10	10	12
易燃易爆危险品库房	10	10	10	10	10	12	12

2. 现场的道路及消防要求

（1）施工现场内应设置临时消防车道，临时消防车道与在建工程、临时用房、可燃材料堆场及其加工场的距离不宜小于 5 m，且不宜大于 40 m；当施工现场周边道路满足消防车通行及灭火救援要求时，施工现场内可不设置临时消防车道。

（2）临时消防车道的设置应符合下列规定。

1）临时消防车道宜为环形，设置环形车道确有困难时，应在消防车道尽端设置尺寸不小于 12 m×12 m 的回场。

2）临时消防车道的净宽度和净空高度均不应小于 4 m。

3）临时消防车道的右侧应设置消防车行进路线指示标识。

4）临时消防车道路基、路面及其下部设施应能承受消防车通行压力和工作荷载。

（3）下列建筑应设置环形临时消防车道，设置环形临时消防车道确有困难时，除应设置回车场外，还应设置临时消防救援场地。

1)建筑高度大于 24 m 的在建工程。

2)建筑工程单体占地面积大于 3 000 m² 的在建工程。

3)超过 10 栋，且成组布置的临时用房。

(4)临时消防救援场地的设置应符合下列规定。

1)临时消防救援场地应设置在建工程装饰装修阶段。

2)临时消防救援场地应设置在成组布置的临时用房场地的长边一侧及在建工程的长边一侧。

3)临时救援场地宽度应满足消防车正常操作要求，且不应小于 6 m，与在建工程外脚手架的净距不宜小于 2 m，且不宜超过 6 m。

3. 临时消防设施要求

(1)一般规定。

1)施工现场应设置灭火器、临时消防给水系统和应急照明等临时消防设施。

2)临时消防设施应与在建工程的施工同步设置。在房屋建筑工程中，临时消防设施的设置与在建工程主体结构施工进度的差距不应超过 3 层。

3)在建工程可利用已具备使用条件的永久性消防设施作为临时消防设施。当永久性消防设施无法满足使用要求时，应增设临时消防设施，并应符合相应设施设置的有关规定。

4)施工现场的消火栓泵应采用专用消防配电线路。专用消防配电线路应自施工现场总配电箱的总断路器上端接入，且应保持不间断供电。

5)地下工程的施工作业场所宜配备防毒面具。

6)临时消防给水系统的贮水池、消火栓泵、室内消防竖管及水泵接合器等应设置醒目标志。

(2)灭火器。

1)在建工程及临时用房的下列场所应配置灭火器。

①易燃易爆危险品存放及使用场所。

②动火作业场所。

③可燃材料存放、加工及使用场所。

④厨房操作间、锅炉房、发电机房、变配电房、设备用房、办公用房、宿舍等临时用房。

⑤其他具有火灾危险的场所。

2)施工现场灭火器配置应符合下列规定。

①灭火器的类型应与配备场所可能发生的火灾类型相匹配。

②灭火器的最低配置标准应符合表 5-15 的规定。

表 5-15　灭火器的最低配置标准

项目	固体物质火灾		液体或可溶性固体物质火灾、气体火灾	
	单具灭火器最小灭火级别	单位灭火器级别最大保护面积 $/(m \cdot A^{-2})$	单具灭火器最小灭火级别	单位灭火级别最大保护面积 $/(m \cdot B^{-2})$
易燃易爆危险品存放及使用场所	3A	50	89B	0.5
固定动火作业场	3A	50	89B	0.5

项目	固体物质火灾		液体或可溶性固体物质火灾、气体火灾	
	单具灭火器 最小灭火级别	单位灭火器级别 最大保护面积 /(m·A⁻²)	单具灭火器 最小灭火级别	单位灭火级别 最大保护面积 /(m·B⁻²)
临时动火作业点	2A	50	55B	0.5
可燃材料存放、 加工及使用场所	2A	75	55B	1.0
厨房操作间、锅炉房	2A	75	55B	1.0
自备发电机房	2A	75	55B	1.0
变配电房	2A	75	55B	1.0
办公用房、宿舍	1A	100	—	—

③灭火器的配置数量应按《建筑灭火器配置设计规范》(GB 50140—2005)的有关规定经计算确定,且每个场所的灭火器数量应不少于2具。

④灭火器的最大保护距离应符合表5-16的规定。

表 5-16　灭火器的最大保护距离 　　　　　　　　　　　　　　　　　　　　　m

灭火器配置场所	固体物质火灾	液体或可熔化固体物质火灾、气体火灾
易燃易爆危险品存放及使用场所	15	9
固定动火作业场	15	9
临时动火作业点	10	6
可燃材料存放、加工及使用场所	20	12
厨房操作间、锅炉房	20	12
发电机房、变配电房	20	12
办公用房、宿舍等	25	—

(3)临时消防给水系统。

1)施工现场或其附近应设置稳定、可靠的水源,并应能满足施工现场临时消防用水的需要。消防水源可采用市政给水管网或天然水源。当采用天然水源时,应采取确保冰冻季节、枯水期最低水位时顺利取水的措施,并应满足临时消防用水量的要求。

2)临时消防用水量应为临时室外消防用水量与临时室内消防用水量之和。

3)临时室外消防用水量应按临时用房和在建工程的临时室外消防用水量的较大者确定,施工现场火灾次数可按同时发生1次确定。

4)临时用房建筑面积之和大于1 000 m²或在建工程单体体积大于10 000 m³时,应设置临时室外消防给水系统。当施工现场处于市政消火栓150 m保护范围内,且市政消火栓的数量满足室外消防用水量要求时,可不设置临时室外消防给水系统。

5)临时用房的临时室外消防用水量不应小于表5-17的规定。

表 5-17　临时用房的临时室外消防用水量

临时用房的建筑面积之和	火灾延续时间/h	消火栓用水量/(L·s⁻¹)	每支水枪最小流量
1 000 m²＜面积≤5 000 m²	1	10	5
面积＞5 000 m²		15	5

6)在建工程的临时室外消防用水量不应小于表 5-18 的规定。

表 5-18　在建工程的临时室外消防用水量

在建工程(单体)体积	火灾延续时间/h	消火栓用水量/(L·s⁻¹)	每支水枪最小流量
10 000 m³＜体积≤30 000 m³	1	15	5
体积＞30 000 m³	2	20	5

7)施工现场临时室外消防给水系统的设置应符合下列规定。

①给水管网宜布置成环状。

②临时室外消防给水干管的管径，应根据施工现场临时消防用水量和干管内水流计算速度确定，且不应小于 $DN100$。

③室外消火栓应沿在建工程、临时用房和可燃材料堆场及其加工场均匀布置，与在建工程、临时用房和可燃材料堆场及其加工场的外边线的距离不应小于 5 m。

④消火栓的间距不应大于 120 m。

⑤消火栓的最大保护半径不应大于 150 m。

8)建筑高度大于 24 m 或单体体积超过 30 000 m³的在建工程，应设置临时室内消防给水系统。

9)在建工程的临时室内消防用水量不应小于表 5-19 的规定。

表 5-19　在建工程的临时室内消防用水量

建筑高度、在建工程体积(单体)	火灾延续时间/h	消火栓用水量/(L·s⁻¹)	每支水枪最小流量/(L·s⁻¹)
24 m＜建筑高度≤50 m 或 30 000 m³＜体积≤50 000 m³	10	5	5
建筑高度＞50 m 或体积＞50 000 m³	1	15	5

10)在建工程临时室内消防设施也可与建筑永久消防设施联合设置，且设置要求应符合《建设工程施工现场消防安全技术规范》(GB 50720—2011)的要求。

(4)应急照明。

1)施工现场的下列场所应配备临时应急照明。

①自备发电机房及变配电房。

②水泵房。

③无天然采光的作业场所及疏散通道。

④高度超过 100 m 的在建工程的室内疏散通道。

⑤发生火灾时仍需要坚持工作的其他场所。

2)作业场所应急照明的照度不应低于正常工作所需照度的 90%，疏散通道的照度值不应小于 0.5 lx。

3)临时消防应急照明灯具宜选用自备电源的应急照明灯具，自备电源的连续供电时间不应小于 60 min。

5.8.2　建筑防火要求

1. 临时用房防火

（1）宿舍、办公用房的防火设计应符合下列规定。

1）建筑构件的燃烧性能等级应为 A 级，当采用金属夹芯板材时，其芯材的燃烧性能等级应为 A 级。

2）建筑层数不应超过 3 层，每层建筑面积不应大于 300 m^2。

3）层数为 3 层或每层建筑面积大于 200 m^2 时，应设置至少两部疏散楼梯，房间疏散门至疏散楼梯的最大距离不应大于 25 m。

4）单面布置用房时，疏散走道的净宽度不应小于 1.0 m；双面布置用房时，疏散走道的净宽度不应小于 1.5 m。

5）疏散楼梯的净宽度不应小于疏散走道的净宽度。

6）宿舍房间的建筑面积不应大于 30 m^2，其他房间的建筑面积不宜大于 100 m^2。

7）房间内任意一点至最近疏散门的距离不应大于 15 m，房门的净宽度不应小于 0.8 m，房间建筑面积超过 50 m^2 时，房门的净宽度不应小于 1.2 m。

8）隔墙应从楼地面基层隔断至顶板基层底面。

（2）发电机房、变配电房、厨房操作间、锅炉房、可燃材料库房及易燃易爆危险品库房的防火设计应符合下列规定：

1）建筑构件的燃烧性能等级应为 A 级。

2）层数应为 1 层，建筑面积不应大于 200 m^2。

3）可燃材料库房单个房间的建筑面积不应超过 30 m^2，易燃易爆危险品库房单个房间的建筑面积不应超过 20 m^2。

4）房间内任意一点至最近疏散门的距离不应大于 10 m，房门的净宽度不应小于 0.8 m。

（3）其他防火设计应符合下列规定：

1）宿舍、办公用房不应与厨房操作间、锅炉房、变配电房等组合建造。

2）会议室、文化娱乐室等人员密集的房间应设置在临时用房的第一层，其疏散门应向疏散方向开启。

2. 在建工程防火

（1）在建工程作业场所的临时疏散通道应采用不燃、难燃材料建造，并与在建工程结构施工同步设置，也可利用在建工程施工完毕的水平结构、楼梯。

（2）在建工程作业场所临时疏散通道的设置应符合下列规定。

1）耐火极限不应低于 0.5 h。

2）设置在地面上的临时疏散通道，其净宽度不应小于 1.5 m，当利用在建工程施工完毕的水平结构、楼梯作临时疏散通道时，其净宽度不宜小于 1.0 m；用于疏散的爬梯及设置在脚手架上的临时疏散通道，其净宽度不应小于 0.6 m。

3）临时疏散通道为坡道，且坡度大于 25°时，应修建楼梯或台阶踏步或设置防滑条。

4）临时疏散通道不宜采用爬梯，确需采用时，应采取可靠固定措施。

5）临时疏散通道的侧面为临空面时，应沿临空面设置高度不小于 1.2 m 的防护栏杆。

6）临时疏散通道设置在脚手架上时，脚手架应采用不燃材料搭设。

7)临时疏散通道应设置明显的疏散指示标识。

8)临时疏散通道应设置照明设施。

(3)既有建筑进行扩建、改建施工时，必须明确划分施工区和非施工区。施工区不得营业、使用和居住；非施工区继续营业、使用和居住时，应符合下列规定。

1)施工区和非施工区之间应采用不开设门、窗、洞口的耐火极限不低于3.0 h的不燃烧体隔墙进行防火分隔。

2)非施工区内的消防设施应完好有效，疏散通道应保持畅通，并落实日常值班和消防安全管理制度。

3)施工区的消防安全应配有专人值守，若发生火情能立即处置。

4)施工单位应向居住和使用者进行消防宣传教育，告知建筑消防设施、疏散通道的位置和使用方法，同时应组织疏散演练。

5)外脚手架搭设不应影响安全疏散、消防车正常通行和灭火救援操作，外脚手架搭设长度不应超过该建筑物外立面周长的1/2。

(4)外脚手架、支模架的架体宜采用不燃或难燃材料搭设，下列工程的外脚手架、支模架的架体应采用不燃材料搭设：

1)高层建筑。

2)既有建筑改造工程。

(5)下列安全防护网应采用阻燃型安全防护网。

1)高层建筑外脚手架的安全防护网。

2)既有建筑外墙改造时，其外脚手架的安全防护网。

3)临时疏散通道的安全防护网。

(6)作业场所应设置明显的疏散指示标志，指示方向应指向最近的临时疏散通道入口。

(7)作业层的醒目位置应设置安全疏散示意图。

5.8.3 季节防火要求

1. 冬期施工

冬期施工主要应制定防火、防滑、防冻、防煤气中毒、防亚硝酸钠中毒的安全措施。

(1)防火要求。

1)加强冬季防火安全教育，提高全体人员的防火意识。普遍教育与特殊防火工种的教育相结合，根据冬期施工防火工作的特点，入冬前对电气焊工、司炉工、木工、油漆工、电工、炉火安装和管理人员、警卫巡逻人员进行有针对性的教育和考试。

2)冬期施工中，国家级重点工程、地区级重点工程、高层建筑工程及起火后不易扑救的工程，禁止使用可燃材料作为保温材料，应采用不燃或难燃材料进行保温。

3)一般工程可采用可燃材料进行保温，但必须严格进行管理。使用可燃材料进行保温的工程，必须设专人监护、巡逻检查。人员的数量应根据使用可燃材料的数量、保温的面积而定。

4)冬期施工中，保温材料定位以后，禁止一切用火、用电作业，且照明线路、照明灯具应远离可燃的保温材料。

5)冬期施工中，保温材料使用完毕后，要随时进行清理，集中存放保管。

6)冬季现场供暖锅炉房宜建造在施工现场的下风方向，远离在建工程、易燃和可燃建筑、露天可燃材料堆场、料库等；锅炉房的耐火等级应不低于二级。

7)烧蒸汽锅炉的人员必须经过专门培训取得司炉证后才能独立作业。烧热水锅炉的人员也要经过培训合格后方能上岗。

8)冬期施工的加热采暖方法，应尽量使用暖气，如果使用火炉，必须事先提出方案和防火措施，经消防保卫部门同意后方能开火。但在油漆、喷漆、油漆调料间、木工房、料库、使用高分子装修材料的装修阶段，禁止使用火炉采暖。

9)各种金属与砖砌火炉必须完整，不得有裂缝，各种金属火炉与模板支柱、斜撑、拉杆等可燃物和易燃保温材料的距离不得小于1 m，已做保护层的火炉与可燃物的距离不得小于70 cm。各种砖砌火炉壁厚不得小于30 cm。在没有烟囱的火炉上方不得有拉杆、斜撑等可燃物，必要时须架设铁板等非燃材料隔热，其隔热板应比炉顶外围的每一边都多出15 cm以上。

10)在木地板上安装火炉，必须设置炉盘，有脚的火炉炉盘厚度不得小于12 cm，无脚的火炉炉盘厚度不得小于18 cm。炉盘应伸出炉门前50 cm，伸出炉后左右各15 cm。

11)各种火炉应根据需要设置高出炉身的火挡。各种火炉的炉身、烟囱和烟囱出口等部分与电源线和电气设备应保持50 cm以上的距离。

12)炉火必须由受过安全消防常识教育的专人看守，每人看管火炉的数量不宜过多。

13)火炉看火人严格执行检查值班制度和操作程序。火炉着火后，不准离开工作岗位，值班时间不允许睡觉或做与工作无关的事情。

14)移动各种加热火炉时，必须先将火熄灭后方准移动。掏出的炉灰必须随时用水浇灭后倒在指定地点。禁止用易燃、可燃液体点火。填放的煤不应过多，以不超出炉口上沿为宜，防止热煤掉出引起可燃物起火。不准在火炉上熬炼油料、烘烤易燃物品。

15)工程的每层都应配备灭火器材。

16)用热电法施工，要加强检查和维修，防止触电和火灾。

(2)防滑要求。

1)冬期施工中，在施工作业前，对斜道、通行道、爬梯等作业面上的霜冻、冰块、积雪要及时清除。

2)冬期施工中，现场脚手架搭设接高前必须将钢管上的积雪清除，待霜冻、冰块融化后再施工。

3)冬期施工中，若通道防滑条有损坏要及时补修。

(3)防冻要求。

1)入冬前，按照冬期施工方案材料要求提前备好保温材料，对施工现场怕受冻材料和施工作业面(如现浇混凝土)按技术要求采用保温措施。

2)冬期施工工地(指北方的)，应尽量安装地下消火栓，在入冬前应进行一次试水，并添加少量润滑油。

3)消火栓用草帘、锯末等覆盖，做好保温工作，以防止冻结。

4)冬天下雪时，应及时扫除消火栓上的积雪，以免雪化后将消火栓井盖冻住。

5)高层临时消防竖管应进行保温或将水放空，消防水泵内应考虑采暖措施，以免冻结。

6)入冬前，应做好消防水池的保温工作，并随时进行检查，发现冻结时应进行破冻处理。一般方法是在水池上盖上木板，木板上再盖上40~50 cm厚的稻草、锯末等。

7)入冬前，应将泡沫灭火器、清水灭火器等放入有采暖的地方，并套上保温套。

(4)防中毒要求。

1)冬季取暖炉的防煤气中毒设施，必须齐全、有效，建立验收合格证制度，且经验收合格发证后方准使用。

2）冬期施工现场，加热采暖和宿舍取暖用火炉时，要注意经常通风换气。

3）对亚硝酸钠要加强管理，严格发放制度，要按定量改革小包装，并加上水泥、细砂、粉煤灰等，将其改变颜色，以防止误食中毒。

2. 雨期施工

雨期施工主要制定防触电、防雷、防坍塌、防火、防台风的安全措施。

（1）防触电要求。

1）雨季到来之前，应对现场每个配电箱、用电设备、外敷电线、电缆进行一次彻底的检查，采取相应的防雨、防潮保护措施。

2）配电箱必须防雨、防水，电器布置符合规定，电器元件不应破损，严禁带电明露。机电设备的金属外壳，必须采取可靠的接地或接零保护措施。

3）外敷电线、电缆不得有破损，电源线不得使用裸导线和塑料线，也不得沿地面敷设，防止因短路造成起火事故。

4）雨季到来前，应检查手持电动工具的漏电保护装置是否灵敏。工地临时照明灯、标志灯，其电压不超过 36 V。特别潮湿的场所及金属管道和容器内的照明灯的电压不超过 12 V。

5）阴雨天气，电气作业人员应尽量避免露天作业。

（2）防雷要求。

1）雨季到来前，塔式起重机、外用电梯、钢管脚手架、井架、龙门架等高大设施，以及在施工的高层建筑工程等应安装可靠的避雷设施。

2）塔式起重机的轨道，一般应设置两组接地装置；对较长的轨道应每隔 20 m 补做一组接地装置。

3）高度在 20 m 及以上的井字架、门式架等垂直运输的机具金属构架上，应将一侧的中间立杆接高，高出顶端 2 m 作为接闪器，在该立杆的下部设置接地线与接地极相连，同时应将卷扬机的金属外壳可靠接地。

4）高大建筑工程的脚手架，沿建筑物四角及四边利用钢脚手架本身加高 2～3 m 做接闪器，下端与接地极相连，接闪器的间距不应超过 24 m。如施工的建筑物中都有凸出高点，也应设置类似的避雷针。随着脚手架的升高，接闪器也应及时加高。防雷引下线不应少于 2 处。

5）雷雨季节拆除烟囱、水塔等高大建（构）筑物脚手架时，应待正式工程防雷装置安装完毕并已接地后，再拆除脚手架。

6）塔式起重机等施工机具接地电阻应不大于 4 Ω，其他防雷接地电阻一般不大于 10 Ω。

（3）防坍塌要求。

1）暴雨、台风前后，应检查工地临时设施、脚手架、机电设施有无倾斜，基土有无变形、下沉等现象，发现问题及时修理加固，有严重危险的应立即排除。

2）雨季中，应尽量避免挖土方、管沟等作业，已挖好的基坑和沟边应采取挡水措施与排水措施。

3）雨后施工前，应检查沟槽边有无积水，坑槽有无裂纹或土质松动现象，防止积水渗漏，造成塌方。

（4）防火要求。

1）雨季中，生石灰、石灰粉的堆放应远离可燃材料，防止因受潮或雨淋产生高热而引起周围可燃材料起火。

2）雨季中，稻草、草帘、草袋等堆垛不宜过大，垛中应留通气孔，顶部应防雨，防止因受潮、遇雨发生自燃。

3)雨季中,电石、乙炔气瓶、氧气瓶、易燃液体等应在库内或棚内存放,禁止露天存放,以防止其因受雷雨、日晒而发生起火事故。

5.8.4 防火管理

1. 一般规定

(1)施工现场的消防安全管理应由施工单位负责。实行施工总承包时,应由总承包单位负责,分包单位应向总承包单位负责,并应服从总承包单位的管理,同时,应承担国家法律、法规规定的消防责任和义务。

(2)监理单位应对施工现场的消防安全管理实施监理。

(3)施工单位应根据建设项目规模、现场消防安全管理的重点,在施工现场建立消防安全管理组织机构及义务消防组织,并确定消防安全负责人和消防安全管理人员,同时应落实相关人员的消防安全管理责任。

(4)施工单位应针对施工现场可能导致火灾发生的施工作业及其他活动,制定消防安全管理制度。消防安全管理制度应包括下列主要内容。

1)消防安全教育与培训制度。

2)可燃及易燃易爆危险品管理制度。

3)用火、用电、用气管理制度。

4)消防安全检查制度。

5)应急预案演练制度。

(5)施工单位应编制施工现场防火技术方案,并应根据现场情况变化及时对其修改、完善。防火技术方案应包括下列主要内容。

1)施工现场重大火灾危险源辨识。

2)施工现场防火技术措施。

3)临时消防设施、临时疏散设施配备。

4)临时消防设施和消防警示标志布置图。

(6)施工单位应编制施工现场灭火及应急疏散预案。灭火及应急疏散预案应包括下列主要内容:

1)应急灭火处置机构及各级人员应急处置职责。

2)报警、接警处置的程序和通信联络的方式。

3)扑救初起火灾的程序和措施。

4)应急疏散及救援的程序和措施。

(7)施工人员进场时,施工现场的消防安全管理人员应向施工人员进行消防安全教育和培训。消防安全教育和培训应包括下列主要内容。

1)施工现场消防安全管理制度、防火技术方案、灭火及应急疏散预案的主要内容。

2)施工现场临时消防设施的性能及使用、维护方法。

3)扑灭初起火灾及自救逃生的知识和技能。

4)报警、接警的程序和方法。

(8)施工作业前,施工现场的施工管理人员应向作业人员进行消防安全技术交底,消防安全技术交底应包括下列主要内容。

1)施工过程中可能发生火灾的部位或环节。

2)施工过程应采取的防火措施及应配备的临时消防设施。

3)初起火灾的扑救方法和注意事项。

4)逃生方法和路线。

(9)在施工过程中,施工现场的消防安全负责人应定期组织消防安全管理人员对施工现场的消防安全进行检查。消防安全检查应包括下列主要内容。

1)可燃物和易燃易爆危险品的管理是否落实。

2)动火作业的防火措施是否落实。

3)用火、用电、用气是否存在违章操作,电焊、气焊和保温、防水施工是否执行操作规程。

4)临时消防设施是否完好有效。

5)临时消防车道和临时疏散设施是否畅通。

(10)施工单位应依据灭火和应急疏散预案,定期开展灭火和应急疏散的演练。

(11)施工单位应做好并保存施工现场消防安全管理的相关文件和记录,并建立现场消防安全管理档案。

2. 可燃物及易燃易爆危险品管理

(1)用于在建工程的保温、防水、装饰及防腐等材料的燃烧性能等级应符合设计要求。

(2)可燃材料及易燃易爆危险品应按计划限量进场。进场后,可燃材料宜存放于库房内,露天存放时,应分类成垛堆放,垛高不应超过 2 m,单垛体积不应超过 50 m³,垛与垛之间的最小间距不应小于 2 m,且应采用不燃或难燃材料覆盖;易燃易爆危险品应分类专库储存,库房内应通风良好,并应设置严禁明火标志。

(3)室内使用油漆及其有机溶剂、乙二胺、冷底子油等易挥发产生易燃气体的物资作业时,应保持良好通风,作业场所严禁明火并应避免产生静电。

(4)施工所产生的可燃、易燃建筑垃圾或余料,应及时清理。

3. 用火、用电、用气管理

(1)施工现场用火应符合下列规定。

1)动火作业应办理动火许可证,动火许可证的签发人收到动火申请后,应前往现场查验并确认动火作业的防火措施落实后,再签发动火许可证。

2)动火操作人员应具有相应资格。

3)焊接、切割、烘烤或加热等动火作业前,应对作业现场的可燃物进行清理,作业现场及其附近无法移走的可燃物应采用不燃材料对其覆盖或隔离。

4)施工作业安排时,宜将动火作业安排在使用可燃建筑材料的施工作业前进行,确需在使用可燃建筑材料的施工作业之后进行动火作业时,应采取可靠的防火措施。

5)裸露的可燃材料上严禁直接进行动火作业。

6)焊接、切割、烘烤或加热等动火作业应配备灭火器材,并应设置动火监护人进行现场监护,每个动火作业点均应设置 1 个监护人。

7)5 级(含 5 级)以上风力时,应停止焊接、切割等室外动火作业,确需动火作业时,应采取可靠的挡风措施。

8)动火作业后,应对现场进行检查,并应在确认无火灾危险后,动火操作人员再离开。

9)具有火灾、爆炸危险的场所严禁明火。

10)施工现场不应采用明火取暖。

11)厨房操作间炉灶使用完毕后,应将炉火熄灭,排油烟机及油烟管道应定期清理油垢。

(2)施工现场用电应符合下列规定:

1)施工现场供用电设施的设计、施工、运行和维护应符合《建设工程施工现场供用电安全规范》(GB 50194—2014)的有关规定。

2)电气线路应具有相应的绝缘强度和机械强度，严禁使用绝缘老化或失去绝缘性能的电气线路，严禁在电气线路上悬挂物品，破损、烧焦的插座、插头应及时更换。

3)电气设备与可燃、易燃易爆危险品和腐蚀性物品应保持一定的安全距离。

4)有爆炸和火灾危险的场所，应按危险场所等级选用相应的电气设备。

5)配电屏上每个电气回路应设置漏电保护器、过载保护器，距离配电屏 2 m 范围内不应堆放可燃物，5 m 范围内不应设置可能产生较多易燃易爆气体、粉尘的作业区。

6)可燃材料库房不应使用高热灯具，易燃易爆危险品库房内应使用防爆灯具。

7)普通灯具与易燃物的距离不宜小于 300 mm，聚光灯、碘钨灯等高热灯具与易燃物的距离不宜小于 500 mm。

8)电气设备不应超负荷运行或带故障使用。

9)严禁私自改装现场供用电设施。

10)应定期对电气设备和线路的运行及维护情况进行检查。

(3)施工现场用气应符合下列规定：

1)储装气体的罐瓶及其附件应合格完好、有效，严禁使用减压器及其他附件缺损的氧气瓶，严禁使用乙炔专用减压器、回火防止器及其他附件缺损的乙炔瓶。

2)气瓶运输、存放、使用时，应符合下列规定：气瓶应保持直立状态，并采取防倾倒措施，乙炔瓶严禁横躺卧放；严禁碰撞、敲打、抛掷、滚动气瓶；气瓶应远离火源，与火源的距离不应小于 10 m，并采取避免高温和防止暴晒的措施；燃气储装瓶罐应设置防静电装置。

3)气瓶应分类储存，库房内应通风良好；空瓶和实瓶同库存放时，应分开放置，空瓶和实瓶的间距不应小于 1.5 m。

4)使用气瓶时，应符合如下规定：使用前，应检查气瓶及气瓶附件的完好性，检查连接气路的气密性，并采取避免气体泄漏的措施，严禁使用已老化的橡皮气管；氧气瓶与乙炔瓶的工作间距不应小于 5 m，气瓶与明火作业点的距离不应小于 10 m；冬季使用气瓶，气瓶的瓶阀、减压器等发生冻结时，严禁用火烘烤或用铁器敲击瓶阀，严禁猛拧减压器的调节螺钉；氧气瓶内剩余气体的压力不应小于 0.1 MPa；气瓶使用后应及时归库。

4. 其他防火管理

(1)施工现场的重点防火部位或区域应设置防火警示标识。

(2)施工单位应做好施工现场临时消防设施的日常维护工作，对已失效、损坏或丢失的消防设施应及时更换、修复或补充。

(3)临时消防车道、临时疏散通道、安全出口应保持畅通，不得遮挡、挪动疏散指示标识，不得挪用消防设施。

(4)施工期间，不应拆除临时消防设施及临时疏散设施。

(5)施工现场严禁吸烟。

📑 技能测试

1. 填空题

(1)易燃易爆危险品库房与在建工程的防火间距不应小于 _____ m，可燃材料堆场及其加工场、固定动火作业场与在建工程的防火间距不应小于 _____ m，其他临时用房、临时设施与在建工程的防火间距不应小于 _____ m。

(2)每组临时用房的栋数不应超过 _____ 栋，且组与组之间的防火间距不应小于 _____ m。

(3)临时消防车道宜为环形,设置环形车道确有困难时,应在消防车道尽端设置尺寸不小于_____m×_____m的回场。

(4)临时消防车道的净宽度和净空高度均不应小于_____m。

(5)消火栓的间距不应大于_____m。

(6)高大建筑工程的脚手架,沿建筑物四角及四边利用钢脚手架本身加高2~3 m做接闪器,下端与接地极相连,接闪器间距不应超过_____m。

2. 选择题

(1)塔式起重机等施工机具接地电阻应不大于(　　)Ω,其他防雷接地电阻一般不大于(　　)Ω。

　　A. 4,8 　　　　　B. 6,8 　　　　　C. 4,10 　　　　　D. 8,10

(2)临时室外消防给水干管的管径,应根据施工现场临时消防用水量和干管内水流计算速度计算确定,且不应小于DN(　　)。

　　A. 75 　　　　　B. 50 　　　　　C. 100 　　　　　D. 150

(3)灭火器的配置数量应按《建筑灭火器配置设计规范》(GB 50140—2005)中的有关规定经计算确定,且每个场所的灭火器数量应不少于(　　)具。

　　A. 2 　　　　　B. 1 　　　　　C. 5 　　　　　D. 3

任务工单

1. 任务背景

2017年2月,江西省南昌市某休闲会所改造装修施工工地,发生火灾造成10人死亡,13人受伤,过火面积约为1 500㎡,财产损失约为70万元。调查得知起火原因为无证电焊人员进行违章切割作业时将熔渣掉落引发火灾。

2. 任务及要求

(1)结合有关施工现场火灾事故的新闻报道,从人的行为、物的状态、材料的性质等多方面分析施工现场引发火灾的原因。

(2)针对幕墙骨架焊接、屋面防水保温、室内装饰装修、主体结构钢筋、模板分项工程等施工的特点,有针对性地编制现场消防安全交底文件。

3. 任务成果

消防安全交底文件。

▶▶▶ 5.9 建筑工程生产安全事故应急预案

课前认知

应急预案是在发生特定的潜在事件和紧急情况时所采取措施的计划安排,是应急响应的行动指南。编制应急预案的目的是防止紧急情况发生时出现混乱,使人们能够按照合理的响应流程采取适当的救援措施,预防和减少可能随之引发的职业健康安全与环境影响。

制定应急预案时,首先必须与重大环境因素和重大危险源相结合,特别是与这些环境因素和危险源控制失效可能导致的后果相适应,还要考虑在实施应急救援过程中可能产生的新的伤害和损失。

5.9.1　应急预案体系的构成

应急预案应形成体系，针对各级各类可能发生的事故和所有危险源制定专项应急预案和现场应急处置方案，并明确事前、事发、事中、事后的各个过程中相关部门和有关人员的职责。生产规模小、危险因素少的生产经营单位，其综合应急预案和专项应急预案可以合并编写。

1. 综合应急预案

综合应急预案是从总体上阐述事故的应急方针、政策，应急组织结构及相关应急职责，应急行动、措施和保障等基本要求与程序，是应对各类事故的综合性文件。

2. 专项应急预案

专项应急预案是针对具体的事故类别（如基坑开挖、脚手架拆除等事故）、危险源和应急保障而制定的计划或方案，是综合应急预案的组成部分，应按照综合应急预案的程序和要求组织制定，并作为综合应急预案的附件。专项应急预案应制定明确的救援程序和具体的应急救援措施。

3. 现场处置方案

现场处置方案是针对具体的装置、场所或设施、岗位所制定的应急处置措施。现场处置方案应具体、简单、针对性强。现场处置方案应根据风险评估及危险性控制措施逐一编制，做到事故相关人员应知应会、熟练掌握，并通过应急演练，做到迅速反应、正确处置。

5.9.2　生产安全事故应急预案的编制要求

（1）符合有关法律法规、规章和标准的规定。
（2）结合本地区、本部门、本单位的安全生产实际情况。
（3）结合本地区、本部门、本单位的危险性分析情况。
（4）应急组织和人员的职责分工明确，并有具体的落实措施。
（5）有明确、具体的事故预防措施和应急程序，并与其应急能力相适应。
（6）有明确的应急保障措施，并能满足本地区、本部门、本单位的应急工作要求。
（7）预案的基本要素齐全、完整，预案附件提供的信息准确。
（8）预案内容与相关应急预案相互衔接。

5.9.3　生产安全事故应急预案编制的内容

1. 综合应急预案编制的主要内容

（1）总则。
1）编制目的。简述应急预案编制的目的、作用等。
2）编制依据。简述应急预案编制依据的法律法规、规章和标准，以及有关行业管理规定、技术规范和标准等。
3）适用范围。说明应急预案适用的区域范围，以及事故的类型、级别。
4）应急预案体系。说明本单位应急预案体系的构成情况。
5）应急工作原则。说明本单位应急工作的原则，内容应简明扼要、明确、具体。

（2）施工单位的危险性分析。

1）施工单位概况。主要包括单位总体情况及生产活动特点等内容。

2）危险源与风险分析。主要阐述本单位存在的危险源及风险分析结果。

（3）组织机构及职责。

1）应急组织体系。明确应急组织形式、构成单位或人员，并尽可能以结构图的形式表示。

2）指挥机构及其职责。明确应急救援指挥机构的总指挥、副总指挥、各成员单位及其相应职责。应急救援指挥机构根据事故类型和应急工作需要，可以设置相应的应急救援工作小组，并明确各小组的工作任务及其职责。

（4）预防与预警。

1）危险源监控。明确本单位对危险源监测监控的方式、方法，以及采取的预防措施。

2）预警行动。明确事故预警的条件、方式、方法和信息的发布程序。

3）信息报告与处置。按照有关规定，明确事故及未遂伤亡事故信息的报告与处置办法。

（5）应急响应。

1）响应分级。针对事故的危害程度、影响范围和单位控制事态的能力，可将事故分为不同的等级。按照分级负责的原则，明确应急响应级别。

2）响应程序。根据事故的大小和发展态势，明确应急指挥、应急行动、资源调配、应急避险、扩大应急等响应程序。

3）应急结束。明确应急终止的条件。事故现场得以控制，环境符合有关标准，导致的次生、衍生事故隐患消除后，经事故现场应急指挥机构批准后，现场应急结束。结束后应明确：事故情况上报事项、需向事故调查处理小组移交的相关事项、事故应急救援工作总结报告。

（6）信息发布。明确事故信息发布的部门、发布原则。事故信息应由事故现场指挥部及时准确地向新闻媒体通报。

（7）后期处置。后期处置主要包括污染物处理、事故后果影响消除、生产秩序恢复、善后赔偿、抢险过程和应急救援能力评估及应急预案的修订等内容。

（8）保障措施。

1）通信与信息保障。明确与应急工作相关联的单位或人员的通信联系方式和方法，并提供备用方案。建立信息通信系统及维护方案，确保应急期间信息通畅。

2）应急队伍保障。确各类应急响应的人力资源，包括专业应急队伍、兼职应急队伍的组织与保障方案。

3）应急物资装备保障。明确应急救援需要使用的应急物资和装备的类型、数量、性能、存放位置、管理责任人及其联系方式等内容。

4）经费保障。明确应急专项经费来源、使用范围、数量和监督管理措施，保障应急状态时生产经营单位应急经费及时到位。

5）其他保障。根据本单位应急工作的需求而确定的其他相关保障措施（如交通运输保障、治安保障、技术保障、医疗保障、后勤保障等）。

（9）培训与演练。

1）培训。明确对本单位人员开展应急培训的计划、方式和要求。如果预案涉及社区和居民，要做好宣传教育和告知等工作。

2）演练。明确应急演练的规模、方式、频次、范围、内容、组织、评估、总结等内容。

（10）奖惩。明确事故应急救援工作中奖励和处罚的条件与内容。

(11)附则。

1)术语和定义。对应急预案涉及的一些术语进行定义。

2)应急预案备案。明确本应急预案的报备部门。

3)维护和更新。明确应急预案维护和更新的基本要求，定期进行评审，实现可持续改进。

4)制定与解释。明确负责制定与解释应急预案的部门。

5)应急预案实施。明确应急预案实施的具体时间。

2. 专项应急预案编制的主要内容

(1)事故类型和危害程度分析。在危险源评估的基础上，对其可能发生的事故类型和可能发生的季节及事故的严重程度进行确定。

(2)应急处置的基本原则。明确处置安全生产事故应当遵循的基本原则。

(3)组织机构及其职责。

1)应急组织体系。明确应急组织形式、构成单位或人员，并尽可能以结构图的形式表示。

2)指挥机构及其职责。根据事故类型，明确应急救援指挥机构的总指挥、副总指挥及各成员单位或人员的具体职责。应急救援指挥机构可以设置相应的应急救援工作小组，明确各小组的工作任务及主要负责人的职责。

(4)预防与预警。

1)危险源监控。明确本单位对危险源监测监控的方式、方法，以及采取的预防措施。

2)预警行动。明确具体事故预警的条件、方式、方法和信息的发布程序。

(5)信息报告程序。

1)确定报警系统及程序。

2)确定现场报警方式，如电话、警报器等。

3)确定 24 h 与相关部门的通信、联络方式。

4)明确相互认可的通告、报警形式和内容。

5)明确应急反应人员向外求援的方式。

(6)应急处置。

1)响应分级。针对事故的危害程度、影响范围和单位控制事态的能力，可将事故分为不同的等级。按照分级负责的原则，明确应急响应级别。

2)响应程序。根据事故的大小和发展态势，明确应急指挥、应急行动、资源调配、应急避险、扩大应急等响应程序。

3)处置措施。针对本单位的事故类别和可能发生的事故的特点、危险性，制定应急处置措施(如煤矿瓦斯爆炸、冒顶片帮、火灾、透水等事故的应急处置措施，危险化学品火灾、爆炸、中毒等事故的应急处置措施)。

(7)应急物资与装备保障。明确应急处置所需的物资与装备数量，以及相关管理维护和使用方法等。

3. 现场处置方案的主要内容

(1)事故特征。

1)危险性分析，可能发生的事故类型。

2)事故发生的区域、地点或装置的名称。

3)事故可能发生的季节和造成的危害程度。

4)事故前可能出现的征兆。

（2）应急组织与职责。

1）基层单位应急自救组织形式及人员构成情况。

2）应急自救组织机构、人员的具体职责，应同单位或车间、班组人员工作职责紧密结合，明确相关岗位和人员的应急工作职责。

（3）应急处置。

1）事故应急处置程序。根据可能发生的事故类别及现场情况，明确事故报警、各项应急措施启动、应急救护人员的引导、事故扩大及同企业应急预案衔接的程序。

2）现场应急处置措施。针对可能发生的火灾、爆炸、危险化学品泄漏、坍塌、水患、机动车辆伤害等，从操作措施、工艺流程、现场处置、事故控制、人员救护、消防、现场恢复等方面制定明确的应急处置措施。

3）报警电话及上级管理部门、相关应急救援单位的联络方式和联系人，事故报告的基本要求和内容。

（4）注意事项。

1）佩戴个人防护器具方面的注意事项。

2）使用抢险救援器材方面的注意事项。

3）采取救援对策或措施方面的注意事项。

4）现场自救和互救的注意事项。

5）现场应急处置能力确认和人员安全防护等的注意事项。

6）应急救援结束后的注意事项。

7）其他需要特别警示的事项。

5.9.4 生产安全事故应急预案的管理

建筑工程生产安全事故应急预案的管理包括应急预案的评审、备案、实施和奖惩。中华人民共和国应急管理部负责应急预案的综合协调管理工作。国务院其他负有安全生产监督管理职责的部门按照各自的职责负责本行业、本领域内应急预案的管理工作。

县级以上地方各级人民政府安全生产监督管理部门负责本行政区域内应急预案的综合协调管理工作。县级以上地方各级人民政府其他负有安全生产监督管理职责的部门按照各自的职责负责辖区内本行业、本领域应急预案的管理工作。

1. 应急预案的评审

地方各级安全生产监督管理部门应当组织有关专家对本部门编制的应急预案进行审定，必要时可以召开听证会，听取社会有关方面的意见。涉及相关部门职能或需要有关部门配合的，应当征得有关部门同意。

参加应急预案评审的人员应当包括应急预案涉及的政府部门工作人员和有关安全生产及应急管理方面的专家。

若评审人员与所评审预案的生产经营单位有利害关系，应当回避。

应急预案的评审或论证应当注重应急预案的实用性、基本要素的完整性、预防措施的针对性、组织体系的科学性、响应程序的操作性、应急保障措施的可行性、应急预案的衔接性等内容。

2. 应急预案的备案

地方各级安全生产监督管理部门的应急预案，应当报同级人民政府和上一级安全生产监督管理部门备案。

其他负有安全生产监督管理职责部门的应急预案，应抄送同级安全生产监督管理部门。

中央管理的总公司（总厂、集团公司、上市公司）的综合应急预案和专项应急预案，报国务院国有资产监督管理部门、国务院安全生产监督管理部门和国务院有关主管部门备案；其所属单位的应急预案分别抄送所在地的省、自治区、直辖市或者设区的市人民政府安全生产监督管理部门和有关主管部门备案。

上述规定以外的其他生产经营单位中涉及实行安全生产许可的，其综合应急预案和专项应急预案，按照隶属关系报所在地县级以上地方人民政府安全生产监督管理部门和有关主管部门备案；未实行安全生产许可的，其综合应急预案和专项应急预案的备案，由省、自治区、直辖市人民政府安全生产监督管理部门确定。

3. 应急预案的实施

各级安全生产监督管理部门、生产经营单位应当采取多种形式开展应急预案的宣传教育，普及生产安全事故预防、避险、自救和互救知识，提高从业人员的安全意识和应急处置技能。

生产经营单位应当制定本单位的应急预案演练计划，根据本单位的事故预防重点，每年至少组织一次综合应急预案演练或专项应急预案演练，每半年至少组织一次现场处置方案演练。

有下列情形之一的，应急预案应当及时修订。

(1)生产经营单位因兼并、重组、转制等导致隶属关系、经营方式、法定代表人发生变化的；

(2)生产经营单位的生产工艺和技术发生变化的。

(3)周围环境发生变化，形成新的重大危险源的。

(4)应急组织指挥体系或职责已经调整的。

(5)依据的法律、法规、规章和标准发生变化的。

(6)应急预案演练评估报告要求修订的。

(7)应急预案管理部门要求修订的。

生产经营单位应当及时向有关部门或单位报告应急预案的修订情况，并按照有关应急预案报备程序重新备案。

4. 奖惩

生产经营单位应急预案未按照有关规定备案的，由县级以上安全生产监督管理部门给予警告，并处3万元以下罚款。

生产经营单位未制定应急预案或者未按照应急预案采取预防措施，导致事故救援不力或者造成严重后果的，由县级以上安全生产监督管理部门依照有关法律法规和规章的规定，责令停产、停业整顿，并依法给予行政处罚。

技能测试

1. 填空题

(1)_____是在发生特定的潜在事件和紧急情况时所采取措施的计划安排，是应急响应的行动指南。

(2)建筑工程生产安全事故应急预案的管理包括应急预案的_____、_____、和_____。

（3）_____负责应急预案的综合协调管理工作。

（4）地方各级安全生产监督管理部门应当组织有关专家对本部门编制的应急预案进行_____，必要时可以召开_____，听取社会有关方面的意见。

（5）生产经营单位应当制定本单位的应急预案演练计划，根据本单位的事故预防重点，每年至少组织_____次综合应急预案演练或者专项应急预案演练，每年至少组织_____次现场处置方案演练。

2. 选择题

（1）生产经营单位应急预案未按照有关规定备案的，由县级以上安全生产监督管理部门给予警告，并处（　　）万元以下罚款。

　　A. 2　　　　　　　　　B. 3　　　　　　　　　C. 5　　　　　　　　　D. 10

（2）产经营单位未制定应急预案或者未按照应急预案采取预防措施，导致事故救援不力或者造成严重后果的，由县级以上安全生产监督管理部门依照有关法律法规和规章的规定，责令其（　　）、（　　），并依法给予行政处罚。

　　A. 停产　　　　　　B. 停业整顿　　　　　　C. 破产　　　　　　D. 解散

任务工单

1. 任务背景

某现浇楼盖的模板支架，搭设高度为 9.5 m，支模范围内梁截面最大尺寸为 500 mm×1 300 mm，采用钢管扣件式支撑体系。

2. 任务及要求

（1）试编制上述背景中模板工程施工的安全事故应急预案。

（2）应急预案中组织人员的姓名联系方式等可以使用班级同学的信息。

3. 任务成果

高支模施工的安全事故应急预案。

5.10　安全事故的分类和处理

课前认知

事故一旦发生，应通过应急预案的实施，尽可能防止事态的扩大和减少事故的损失。通过事故处理程序，查明原因，制定相应的纠正和预防措施，从而避免类似事故再次发生。

理论学习

5.10.1　职业伤害事故的分类

安全事故可分为两大类型，即职业伤害事故与职业病。职业伤害事故是指因生产过程及工作原因或与其相关的其他原因造成的伤亡事故。

1. 按照事故发生的原因分类

按照《企业职工伤亡事故分类》(GB 6441—1986)的规定，职业伤害事故分为 20 类，其中与建筑业有关的有以下 12 类：

(1)物体打击：是指落物、滚石、锤击、碎裂、崩块、砸伤等造成的人身伤害，不包括因爆炸而引起的物体打击。

(2)车辆伤害：是指车辆挤、压、撞和车辆倾覆等造成的人身伤害。

(3)机械伤害：是指机械设备或工具绞、碾、碰、割、戳等造成的人身伤害，不包括车辆、起重设备引起的伤害。

(4)起重伤害：是指从事各种起重作业时发生的机械伤害事故，不包括上、下驾驶室时发生的坠落伤害，起重设备引起的触电及检修时制动失灵造成的伤害。

(5)触电：是指电流经过人体所导致的生理伤害，包括雷击伤害。

(6)灼烫：是指火焰引起的烧伤、高温物体引起的烫伤、强酸或强碱引起的灼伤、放射线引起的皮肤损伤，不包括电烧伤及火灾事故引起的烧伤。

(7)火灾：火灾所造成的人体烧伤、窒息、中毒等。

(8)高处坠落：由危险势能差引起的伤害，包括从架子、屋架上坠落及从平地坠入坑内等。

(9)坍塌：指建筑物、堆置物倒塌及土石塌方等引起的伤害事故。

(10)火药爆炸：指在火药的生产、运输、储藏过程中发生的爆炸事故。

(11)中毒和窒息：指煤气、油气、沥青、化学、一氧化碳中毒等。

(12)其他伤害：包括扭伤、跌伤、冻伤、野兽咬伤等。

以上12类职业伤害事故中，在建筑工程领域中最常见的是高处坠落、物体打击、机械伤害、触电、坍塌、中毒、火灾7类。

2. 按事故的严重程度分类

按照《企业职工伤亡事故分类》(GB 6441—1986)中的规定，按事故的严重程度，可分为轻伤事故、重伤事故和死亡事故。

(1)轻伤事故，是指造成职工肢体或某些器官功能性或器质性轻度损伤，能引起劳动能力轻度或暂时丧失的伤害事故，一般每个受伤人员休息1个工作日以上(含1个工作日)，105个工作日以下。

(2)重伤事故，一般是指受伤人员肢体残缺或视觉、听觉等器官受到严重损伤，能引起人体长期存在功能障碍或劳动能力有重大损失的伤害，或者造成每个受伤人员损失105工作日以上(含105个工作日)的失能伤害的事故。

(3)死亡事故，其中，重大伤亡事故是指一次死亡1～2人的事故；特大伤亡事故指死亡3人以上(含3人)的事故。

3. 按事故造成的人员伤亡或者直接经济损失分类

依据2007年6月1日起实施的《生产安全事故报告和调查处理条例》，按生产安全事故(以下简称事故)造成的人员伤亡或者直接经济损失，事故可分为以下几类：

(1)特别重大事故，是指造成30人以上死亡，或者100人以上重伤(包括急性工业中毒，下同)，或者1亿元以上直接经济损失的事故。

(2)重大事故，是指造成10人以上30人以下死亡，或者50人以上100人以下重伤，或者5 000万元以上1亿元以下直接经济损失的事故。

(3)较大事故，是指造成3人以上10人以下死亡，或者10人以上50人以下重伤，或者1 000万元以上5 000万元以下直接经济损失的事故。

(4)一般事故，是指造成3人以下死亡，或者10人以下重伤，或者1 000万元以下直接经济损失的事故。

目前，在建筑工程领域中，判别事故等级采用较多的是《生产安全事故报告和调查处理条例》。

5.10.2　建筑工程安全事故的处理

1. 施工安全事故的处理程序

（1）报告安全事故。施工现场发生生产安全事故后，事故现场有关人员应当立即报告本单位负责人。负有安全生产监督管理职责的部门接到事故报告后，应当立即按照国家有关规定上报事故情况。负有安全生产监督管理职责的部门和有关地方人民政府对事故情况不得隐瞒不报、谎报或者拖延不报。有关地方人民政府和负有安全生产监督管理职责部门的负责人接到重大生产安全事故报告后，应当立即赶到事故现场，组织事故抢救。

（2）处理安全事故。抢救伤员，排除险情，防止事故蔓延扩大，做好标志，保护好现场等。

（3）安全事故调查处理。事故调查应当按照实事求是、尊重科学的原则，及时、准确地查清事故原因，查明事故性质和责任，总结事故教训。施工单位发生生产安全事故，经调查确定为责任事故的，除应当查明事故单位的责任，并依法予以追究外，还应当查明对安全生产的有关事项负有审查批准和监督职责的行政部门的责任，对有失职、渎职行为的，追究法律责任。对施工安全事故的处理应按照"四不放过"原则进行，即按照"事故原因不清楚不放过、事故责任者和员工没有受到教育不放过、事故责任者没有处理不放过和没有制定防范措施不放过"的原则进行处理。任何单位和个人不得阻挠与干涉对事故的依法调查处理。编写调查报告并上报，调查报告的内容包括事故基本情况、事故经过、事故原因分析、事故预防措施建议、事故责任的确认和处理意见、调查组人员名单及签字、附图及附件。

2. 伤亡事故发生时的应急措施

施工现场伤亡事故发生后，项目承包方应立即启动"安全生产事故应急救援预案"，总包和分包单位应根据预案的组织分工立即开始工作。

（1）施工现场人员要有组织、听指挥，首先抢救伤员和排除险情，采取措施防止事故蔓延扩大。

（2）保护事故现场。确因抢救伤员和排险要求，而必须移动现场物品时，应当做出标记和书面记录，妥善保管有关证物；现场各种物件的位置、颜色、形状及其物理、化学性质等应尽可能保持事故结束时的原来状态；必须采取一切可能的措施，防止人为或自然因素的破坏。

视频：施工现场急救体验

（3）事故现场保护时间通常要到事故结案后，当地政府行政管理部门或调查组认定事实原因已清楚时，现场保护方可解除。

3. 施工安全伤亡事故处理的有关规定

（1）重大事故、较大事故、一般事故，负责事故调查的人民政府应当自收到事故调查报告之日起15日内做出批复；特别重大事故，30日内做出批复，特殊情况下，批复时间可以适当延长，但延长的时间最长不超过30日。

有关机关应当按照人民政府的批复，依照法律、行政法规规定的权限和程序，对事故发生单位和有关人员进行行政处罚，对负有事故责任的国家工作人员进行处分。

（2）事故发生单位应当按照负责事故调查的人民政府的批复，对本单位负有事故责任的人员进行处理。

1）负有事故责任的人员涉嫌犯罪的，依法追究刑事责任。

2)事故发生单位应当认真吸取事故教训，落实防范和整改措施，防止事故再次发生。防范和整改措施的落实情况应当接受工会和职工的监督。

3)安全生产监督管理部门和负有安全生产监督管理职责的有关部门应当对事故发生单位落实防范与整改措施的情况进行监督检查。

(3)事故处理的情况由负责事故调查的人民政府或其授权的有关部门、机构向社会公布，依法应当保密的除外。

🗂 技能测试

1. 填空题

(1)安全事故可分为两大类型，即_____与_____。

(2)重伤事故，一般是指受伤人员肢体残缺或视觉、听觉等器官受到严重损伤，能引起人体长期存在功能障碍或劳动能力有重大损失的伤害，或者造成每个受伤人员损失_____工作日以上(含_____个工作日)的失能伤害的事故。

(3)有关地方人民政府和负有安全生产监督管理职责部门的负责人接到重大生产安全事故报告后，应当立即赶到事故现场，组织_____。

(4)当施工现场发生伤亡事故后，项目承包方应立即启动_____，总包和分包单位应根据预案的组织分工立即开始工作。

(5)重大事故、较大事故、一般事故，负责事故调查的人民政府应当自收到事故调查报告之日起_____日内做出批复。

2. 选择题

(1)对施工安全事故的处理应按照"四不放过"原则进行，四不放过是指(　　)。

    A. 事故原因不清楚的不放过

    B. 事故责任者和员工没有受到教育的不放过

    C. 事故责任者没有处理的不放过

    D. 没有指定防范措施的不放过

(2)特别重大事故，(　　)日内作出批复，特殊情况下，批复时间可以适当延长，但延长的时间最长不超过30 d。

    A. 20   B. 5   C. 7   D. 30

🗂 任务工单

1. 任务背景

2014年12月，北京市海淀区某学校体育馆及宿舍楼工程工地，作业人员在基坑内绑扎钢筋过程中，筏形基础钢筋体系发生坍塌，造成4人受伤，10人死亡。

2. 任务及要求

(1)通过网络等渠道了解上述事故的详情，分析事故发生的原因。

(2)对该事故进行分类。

(3)讨论如何预防该类事故的发生。

3. 任务成果

书面表述，格式不限。

参考文献

[1]赵艳敏.建筑工程质量管理[M].北京：北京出版社，2014.

[2]罗中，张涛.建设工程项目管理[M].哈尔滨：哈尔滨工业大学出版社，2013.

[3]郝永池.建筑工程项目管理[M].北京：人民邮电出版社，2016.

[4]李云峰.建筑工程质量与安全管理[M].北京：化学工业出版社，2009.

[5]张瑞生.建筑工程质量与安全管理[M].4版.北京：中国建筑工业出版社，2023.

[6]俞宗卫.建设工程项目质量与安全控制手册[M].北京：水利水电出版社，2007.

[7]曹进.建筑工程施工安全与计算[M].北京：化学工业出版社，2008.

[8]全国一级建造师执业资格考试用书编写委员会.建设工程项目管理[M].北京：中国建筑工业出版社，2023.

[9]全国一级建造师执业资格考试用书编写委员会.建筑工程管理与实务[M].北京：中国建筑工业出版社，2023.